Bouquet
花束

Wreath
花圈

Potted Plant
盆栽

Corsage
胸花

Contents

譯者介紹

劉曉茹

國立東華大學經濟學系畢業，日文一級檢定通過。目前為日文補習班教師與多家知名企業之長期特約翻譯。口譯經驗豐富，翻譯領域廣泛，包括：TPS（豐田生產方式）、彩妝保養時尚、美食旅遊、工業相關、電子專利、電腦、身體保健、手作等。譯作有《第一次約會別穿白色！》、《大塚綾子的白線刺繡》（世茂出版）。

1

Petite Flower
小花

隨意地把小花插在果醬空瓶或玻璃瓶裡，
就能體驗用雜貨感覺裝飾的樂趣。

01 ** 迷你玫瑰

充滿可愛浪漫氣氛的迷你玫瑰，
花瓣用紅色或珊瑚粉紅等喜歡的顏色來製作。

作法 33 頁
設計・製作 *nunonohana*（伊藤洋子）

層層疊疊的花瓣，看起來就像真花一般。

在花蕊的部分加上淡藍色。

02 ** 繡球花

鮮豔的藍色漸層、
正是美麗繡球花的代表色。
用 5 種不同的相近色組合而成,
若用花布來做也很可愛。

本作品於 31 頁以照片流程解說作法。
設計・製作 *nunonohana* (伊藤洋子)

03 ** 鈴蘭

利用白色布料製作的花與花蕊組合而成的
鈴蘭清秀可人。
白花綠葉的強烈對比令人印象深刻。

作法 34 頁
設計・製作 *nunonohana*（伊藤洋子）

將花莖部分稍加彎曲，看起來更加栩栩如生。

04 ** 三色菫

花瓶（水滴型）/AWABEES

綻放許多色彩的三色菫是
人氣花種之一。
搭配紫色與黃色等花色，
創造出可愛的氛圍。

作法 35 頁
設計・製作 *nunonohana*（伊藤洋子）

使用五片花瓣來製作三色菫。
中央則加上用水彩顏料上色的黃色花蕊。

5

05 ** 金絲桃

06 ** 鬱金香

結有粉紅色果實的
可愛金絲桃與奶油白鬱金香。
擺在一起就變身為散發出
微微女人味的小花。

作法 05→36 頁
　　 06→37 頁
設計・製作　sentiment doux

利用水彩顏料畫出果實的漸層色彩。

將剪裁好的花瓣層疊組合成帶有樸素印象的鬱金香。

07 ** 銀蓮花

重疊好幾層花瓣而做成的銀蓮花，
如畫般天真可愛。
真想和小小的花苞擺在一起好好欣賞。

作法 38 頁
設計・製作 sentiment doux

讓花萼的部分稍加彎曲。

Flower
花朵

蒐集幾朵適合稍大花瓶、容器或高瓶的花。
像插花一樣當作室內裝飾來擺設看看吧！

08 ** 康乃馨

利用格紋或點紋碎布做出的康乃馨，
只要將布料捲起就能表現出生動的花瓣。

作法 39 頁
設計・製作　和心俱樂部（下村康子）

除了紅色布料外，也可試試粉紅色或漸層色的布料。

09 ** 玫瑰

使用稍帶透明感的內裡布來製作華麗的紅色玫瑰。
因布料層層重疊而呈現出的漸層美感，
可隨著角度的不同而欣賞到各種表情。

作法 40 頁
設計・製作　和心俱樂部（下村康子）

花苞也呈現雅致時髦的印象。

10 ** 海芋

花瓣的美麗曲線與清秀的形狀
正是海芋的魅力所在。
白色花瓣裡，輕柔地放入鋪棉花芯後，
便完成份量感十足的輪廓外型。

作法 41 頁
設計・製作　和心俱樂部（下村康子）

11 ** 向日葵

試著將總是在夏日恣意盛開怒放的向日葵做成了布花。
似乎只要遠遠望著它們,就能得到力量。

作法 42 頁
設計・製作 和心俱樂部(下村康子)

照片/AWABEES

利用鎖鏈繡技法表現種子的部分。

12 ** 水仙

蒐集黃色印花布、
做成可愛的水仙。
似乎也把溪畔的清爽氛圍帶過來了。

作法 43 頁
設計・製作 kappa-do

13 ** 罌粟花

巧妙利用經過皺摺加工的布料質感，
做成了隨風搖曳的罌粟花。
讓人想把用紅色、白色、淺粉紅色……等
最愛色彩設計的成品，
以華麗風格呈現，供人欣賞。

作法 44 頁
設計・製作 和心俱樂部（下村康子）

雄蕊的部分請大量使用人造花蕊。

花瓣的部分有效使用兩種顏色的皺紋布，
統合成富整體感的色調搭配。
凡是看上一眼，就會被吸引，
惹人憐愛的表情為魅力最大的桔梗。

作法 45 頁
設計‧製作　和心俱樂部（下村康子）

14 ** 桔梗

在星形的花瓣裡搭配了幾條人造花蕊束。

竹簍/AWABEES

在晴朗春光裡搖曳的美麗櫻花枝幹。
配上加長的人造花蕊作為雄蕊，
襯托出生氣盎然的櫻花表情。

Flower

作法 46 頁
設計・製作 和心俱樂部（下村康子）

15** 櫻花

柔軟皺紋布給人的感覺與櫻花的氣質非常搭配。

總是為我們捎來春天消息的梅花。
用布包裹搓圓的小塊鋪棉，
製作出蓬鬆的小小花朵。

作法 47 頁
設計・製作 和心俱樂部（下村康子）

16 ** 梅花

花莖的部分，以花藝用紙膠把鐵絲仔細纏好。

17 ** 大波斯菊

利用帶有透明感的絹網及玻璃紗製作花瓣，
創造出細膩的氣氛。
做出各式各樣的色彩，拿來大量擺飾也很棒。

作法 48 頁
設計・製作　和心俱樂部（下村康子）

從側面看，輪廓也很漂亮！

Bouquet

花束

可以當作討人歡心的禮物花束，
也能直接將花束拿來擺飾或將花取出裝飾。

18 **
大理花的迷你花束

從左到右分別為長春藤、茵芋、大理花

象牙白的大理花，
搭配綠色長春藤及茵芋的時髦花束。
在牛皮紙外圍再捲上蕾絲紙，
讓花束看起來更加可愛。

作法 54 頁

設計・製作 sentiment doux

利用帶有透明感的玻璃紗，

19**
捲心玫瑰的迷你花束

將黃色漸層的捲心玫瑰包成圓形小花束。
把永遠不會褪色的花束當作禮物，
收到的人也會感到開心吧。

作法 53 頁
設計・製作 Peitamama（加藤容子）

禮物盒/AWABEES

20**
康乃馨花束

康乃馨花束最適合拿來當母親節禮物了。
可利用各種花樣或顏色的布料，
製作出華麗的花束。

作法 56 頁
設計・製作 Peitamama（加藤容子）

布邊可用花邊剪刀剪出康乃馨的神韻。

Wreath
花圈

利用當季花材製作的花圈，
捎來新季節來訪的信息。

21 **
春季花圈（瑪格麗特）

如同剛摘下的瑪格麗特一般，
呈現清新的氛圍。
恣意捲上幾圈，藤蔓的部分就完成了。

作法 58 頁
設計・製作 Natural Day（田中智子）

22 **
夏季花圈（繡球花）

將粉紅或紫色的繡球花排列成半月形之後，
綁上緞帶就變身為漂亮時髦的變形花圈。
使用蕾絲布所做成的葉子也呈現很棒的效果。

作法 64 頁
設計・製作 Natural Day（田中智子）

23 **
秋季花圈
（紅花·木棉花·肉桂）

秋季花圈主要使用了象徵收成之秋的木棉花。
並利用紅花及肉桂增添變化。

作法 60 頁
設計·製作 Natural Day（田中智子）

24 **
冬季花圈
（聖誕紅·玫瑰·小花）

大量的苔綠色聖誕紅之間，夾雜著玫瑰及小花。
讓人想拿來裝飾神聖夜晚的冬季花圈。

作法 62 頁
設計·製作 Natural Day（田中智子）

Potted Plant
盆栽

給人華麗印象的盆栽，使房間裡的氣氛明亮起來。
讓我們一起在喜歡的花盆或壺裡將布花組合起來，
變出一盆漂亮時髦的盆栽吧。

25 ** 聖誕紅

紅綠葉呈現美麗對比的聖誕紅。
利用葉子裡的鐵絲，
添上和諧又豐富的表情。

作法 65 頁
設計・製作　和心俱樂部（下村康子）

花朵用粉紅色系、葉子則選綠色系的花布
做成的可愛仙客來。
真想放到小花盆裡，
擺在桌上或窗邊來欣賞。

作法 66 頁
設計・製作 kappa-do

26 ** 仙客來

Corsage
胸花

不管是與服裝搭配，還是別在包包與帽子上……
使用方法非常多元。

山茶花胸花

27 **

28 **

內側

使用帶有光澤的緞面布料做成的優雅山茶花。
出席正式場合時配戴這款胸花也相當優雅大方。

作法 67 頁
設計・製作　Peitamama（加藤容子）

銀蓮花胸花

29 **

30 **

31 **

扭轉花瓣加上皺摺，就能完成充滿韻味的胸花。
紅色、粉紅色、紫色……
隨著布色不同，表情也有些許的變化。

☆本作品於 30 頁以照片流程解說作法。
設計・製作 Peitamama（加藤容子）

2 種玫瑰胸花

32 **

33 **

內側

擁有高人氣的玫瑰胸花。
圖 32 組合了 3 種小朵捲心玫瑰後再加上葉子。
圖 33 為以亞麻布做成，稍大的玫瑰胸花。
圓圓的輪廓非常可愛。

作法 68 頁
設計・製作 Peitamama（加藤容子）

內側

35 ** 蒲公英胸花

34 ** 薰衣草胸花

將薰衣草與蒲公英各綁成一小束後，
再綁上蝴蝶結。
就像用剛摘下的野花隨性呈現一般，
樸素氣氛正是其最大的魅力所在。

作法 34→70 頁
35→71 頁
設計・製作 Peitamama（加藤容子）

作法基礎

印有＊記號的工具為可樂牌產品。
印有●記號的工具為河口公司產品。
紅色文字為產品名稱。

工具

剪布用剪刀

＊
CUTWORK 剪刀 170
前端銳利的刀鋒。

剪紙用剪刀

準備好握的剪刀。

花邊剪刀

＊
花邊剪刀
〈鋸齒紋 5mm〉
可剪出 5mm 鋸齒狀紋路
的剪刀。

＊
花邊剪刀
〈鋸齒紋 3mm〉
可剪出 3mm 鋸齒狀紋路
的剪刀。

＊
花邊剪刀
〈波浪紋〉
可剪出波浪狀紋路的剪
刀。

縫針

＊
綜合針盒
「縫紉專用」
內含最常使用的6種針組。

錐子

●
木柄錐
在布料上打洞時使用。

珠針

用來固定紙型與布的針。

手工藝用鉗

用來剪斷、摺彎鐵絲時
很方便的鉗子。

燙板

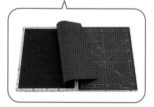

＊
拼布用摺疊式三用燙板
結合記號台、切割墊、燙板
三種功能的燙板

熨斗

＊
拼布用熨斗
輕巧好操作、使用方便的
熨斗。

粉土筆

●
粉土筆
不會弄髒手的粉土筆。
有紅・黃・白・藍四種
顏色。

鉛筆

複寫紙型或做記號時使
用。

筆刷

塗刷接著劑或水彩顏料時
使用。

兩面接著芯

*
雙面熱接著襯紙
利用熨斗熱度來接著
的兩面接著襯紙。

手工藝用接著劑

*
可樂牌接著劑
〈手工藝用〉
在布料上使用薄薄一層使
其帶有張力，或是直接於
黏接材料時使用。乾掉後
呈現透明感。

木工用接著劑

在布料上使用薄薄
一層 使其帶有張
力，黏接材料時都
很方便。

熱熔槍

利用熱度熔化熱熔膠
條後進行黏合。比接
著劑快乾，接著力較
強為其特徵。製造花
圈時使用。

雙面膠帶

黏合布料時使用，有
許多寬度可供選擇。

描圖紙

描畫紙型時使用。

厚紙板

使用於紙型或布花的
花芯

手工藝用棉花

充填花苞或果實等使
其膨脹時使用。

鋪棉

加工成片狀的聚酯
棉，想增加厚度時使
用。

保麗龍芯

有球型或玫瑰用等各
種形狀。

花藝用鐵絲

數字越大表示越細。
有已包覆紙膠帶與沒
有包覆兩種。

人造花蕊

使用於花芯。有許多
顏色與造形。

花藝用紙膠

結合花莖與花朵時使
用的膠帶。

實物大小紙型的使用方法

①將實物大小的紙型以描圖紙
畫好。一定要把布的織目線
或返口確實描清楚。

織目線　描圖紙

②將描圖紙用透明膠帶貼在厚
紙板上。

厚紙板

③剪下厚紙板。

剪下來的厚紙板。

用接著劑加工布料

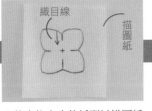

①準備木工用接著劑、手工藝用接著劑（為水溶性且乾燥時呈現透明
型）或膠水。將接著劑與水以1：7的比例混合。
②將布料浸泡在稀釋過的接著劑液體裡。
③浸泡過的布料取出後拉平以免產生皺摺，放置陰涼處待其乾燥。
♥接著劑的加工方法會隨作品不同而有差異。

在布料上畫上圖案

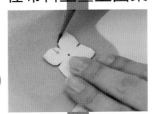

在布料的內側依照布的織目方
向放上紙型，用鉛筆（HB）
或粉土筆在紙型周圍描出輪
廓。

剪下布料

用剪刀沿著圖案內側剪下。

29** ~ 31**

銀蓮花的胸花作法 ……紙型在 72 頁

29 ** 的材料（使用亞麻布）
花瓣・花芯・裡布（A布・紅色）21cm×16cm
玫瑰用人造花蕊（奶油色）20條
花藝用鐵絲（#20）36cm 1條
花藝用鐵絲（#30）36cm 1條
花藝用紙膠（橄欖綠）
別針3.5cm 1個
手工藝用棉花少許
60號車縫線
手工藝用接著劑
★與no.30・31的材料相同，但A布與人造花蕊的顏色不同。

如何製作
How To Make

1 前置作業

①按照紙型剪出10片花瓣、1片花芯及1片裡布。（參照29頁）

②將接著劑與水用2：1的比例混合後浸入花瓣。

③緊接著將花瓣每兩片重疊放在毛巾上自然乾燥。

④在完全乾燥前，扭轉花瓣產生皺摺，並待其完全乾燥。

捲起　扭轉

2 製作花芯

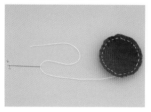

①將花芯周圍細密地縫上一圈。

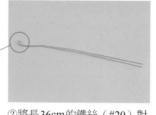

②將長36cm的鐵絲（#20）對摺，並將前端摺彎。

③將綿花捲繞在②的鐵絲摺彎處，並用①的花芯布包覆。

④拉緊線後縫合。

⑤將20條人造花蕊用鐵絲（#30）於中心處捆成一束固定。

⑥將⑤的人造花蕊束夾在花芯底下。

⑦將人造花蕊縫緊固定。

⑧將人造花蕊整理成放射狀，並使其往上。

3 組合花瓣

①將乾掉的花瓣打開，沾上接著劑一片片黏於花芯底部。

黏完的狀態

下頁續 ••••••

4 製作胸花

①將鐵絲彎曲後，剪成從正面看不見的長度。

②以花藝用紙膠纏繞鐵絲。

纏繞完成的狀態

③將裡布的背面沾上接著劑後黏合。

④用鐵絲將別針固定。

⑤以花藝用紙膠纏繞，遮掩別上別針的鐵絲部分。

約8cm

完成

第 3 頁 **02** ** **繡球花的小花作法** ……紙型在 72 頁

29 ** 的材料（全為棉布）
花瓣（A～E布）各15cm×6cm
葉子（F布‧綠色）13cm×14cm
素色珠狀人造花蕊（白色）23條
花藝用鐵絲（#26）36cm 17條
花藝用紙膠（綠色）
雙面膠帶
水彩顏料（水藍色）
★A～E布的顏色使用藍色漸層色系。

1 前置作業

①將布料浸泡在200cc熱水與30cc左右木工用接著劑溶合的液體後，待其乾燥。（如29頁所示）
②按照紙型裁剪出花瓣的A～E布各9張與葉子的F布2張。（參照29頁）

③將素色珠狀人造花蕊對半剪開。

④用水彩顏料（水藍色）塗繪人造花蕊上的圓珠。

⑤因人造花蕊上色後易溶，請迅速用吹風機等吹乾。

2 製作花朵

①將花瓣的每一瓣都對摺後扭轉。

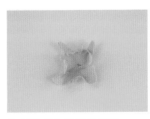
扭轉後帶有皺摺的花瓣。

②用錐子在花瓣中央鑽出一個洞孔。

下頁續 ●●●●●●●▶

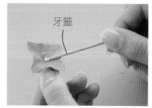

③將塗過顏料的人造花蕊穿過洞孔。

④將人造花蕊的珠狀根部塗上接著劑使其固定。

⑤在人造花蕊底部加上長12cm的鐵絲（#26）

⑥以花藝用紙膠纏繞至中間處。

纏繞完成狀態。

完成5種顏色的花
（全部共做45支）

3 製作葉子

①將裁剪好的葉子貼在雙面膠帶上。

②剪下貼在①上的葉子後，撕下雙面膠帶上的塑膠紙。

③將長36cm的鐵絲（#26）對摺後貼上。

④將③的葉子貼在裁剪過後剩下的F布上。

⑤剪成葉子的形狀。

⑥用錐子劃上葉脈。

⑦用手指替葉子加上生動表情。

4 捆成一束

將45支花與2片葉子漂亮地捆成一束，配合鐵絲長度以花藝用紙膠纏繞。

纏繞完成的狀態

完成

布的處理方法同 29 頁，先用接著劑加工後，待其乾燥。

材料（一束份）（全為棉布）

花瓣（A布）15cm×11cm
葉子·花萼（B布·綠色）15cm×9cm
木工用接著劑
花藝用鐵絲（#26）36cm 5 條
花藝用紙膠（綠色）
雙面膠帶
手工藝用棉花少許
★花瓣使用紅色或粉紅色系。

作法
1 製作花芯

①對摺
0.5cm
②摺彎前端
約0.5cm
③放上棉花

長36cm的鐵絲（#26）

2 組合花瓣

①將這個部分用手指頭揉　圓
花瓣（正面）

花瓣（正面）
中間的洞

④拿1片花瓣上塗上接著劑後，將綿花包覆

將附有棉花的鐵絲穿過花瓣

花瓣（正面）

②用錐子打洞
花瓣（背面）

以相同作法製作2朵

花瓣（正面）

⑤以2～5的順序用接著劑黏合包覆

1片花瓣
花瓣（背面）

1朵花苞完成
花瓣（背面）

⑥剩下的4片花瓣，在中心處塗上接著劑後，一片一片交錯黏貼

花瓣（背面）
5片花瓣

3 黏合花萼

①將這個部份用手指頭揉出皺摺。

花萼（正面）

②用接著劑黏合
※花苞亦同
花萼（正面）

③將這個部份用鐵絲繞圈綁緊，使其膨脹

④上半部以花藝用紙膠纏繞後拉緊
※花苞亦同

纏繞到這裡
8cm

4 製作葉子

雙面膠帶（接著面）

①貼到雙面膠帶上
葉子（正面）

②依布的形狀裁剪雙面膠帶
葉子（正面）

③撕下雙面膠帶上的塑膠紙。
葉子（背面）

④放上長12cm的鐵絲（#26）

⑤貼上
葉子（正面）
B布（背面）

⑥裁剪成相同形狀
葉子（背面）

⑦用手指頭扭轉，幫葉子加上皺摺
葉子（正面）

⑧組合3片葉子
葉A　葉A

以相同作法製作2把
葉B

⑨上半部以花藝用紙膠纏繞後拉緊
纏繞到這裡
8cm

將5支半成品捆成一束

①將1朵花苞、2朵花、2把葉子捆成一束，剪掉多餘的鐵絲
②以花藝用紙膠纏繞拉緊

約15cm

完成

實物大小的紙型

材料所載布的數量可供製作一束份。

花瓣（A布·11片）
十　洞孔　剪開

花萼（B布·3片）

葉子A（B布·8片）

葉子B（B布·4片）

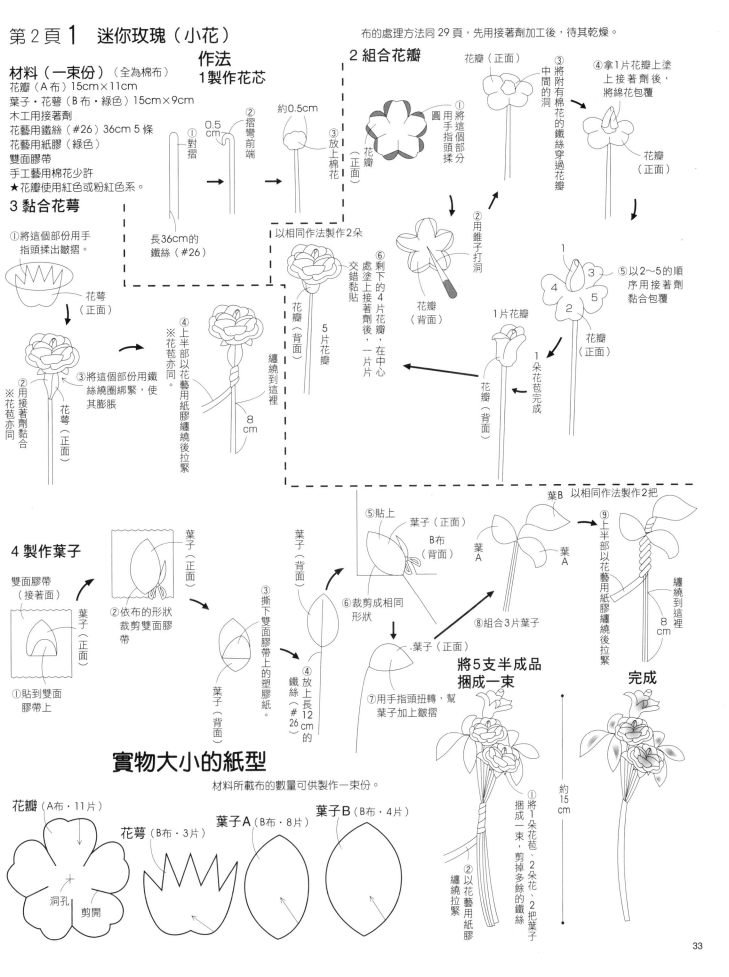

布的處理方法同 29 頁，先用接著劑加工後，待其乾燥。

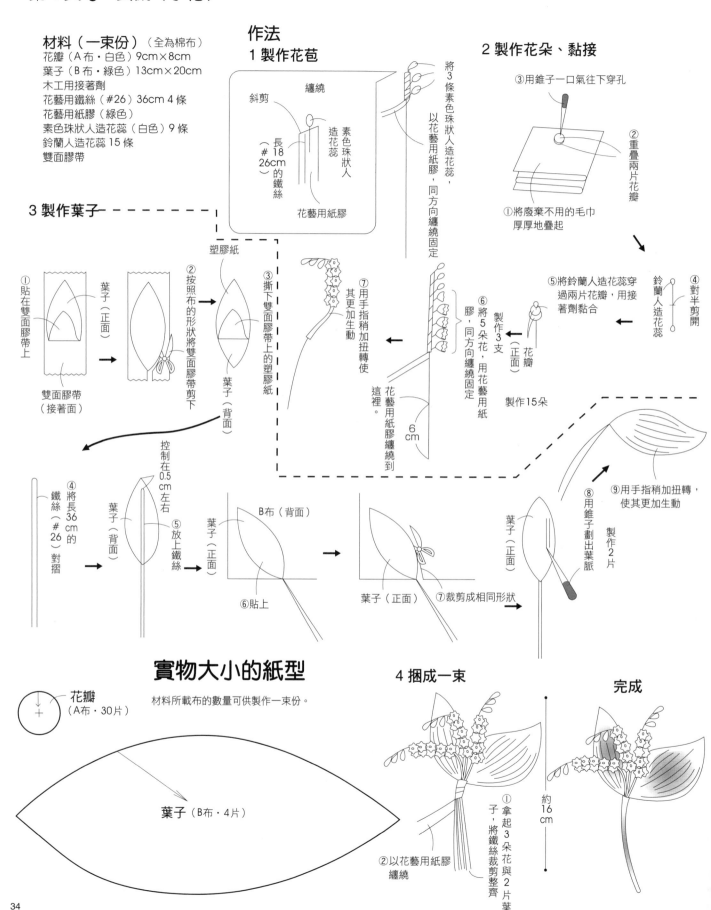

材料（一束份）（全為棉布）
花瓣（A布・白色）9cm×8cm
葉子（B布・綠色）13cm×20cm
木工用接著劑
花藝用鐵絲（#26）36cm 4 條
花藝用紙膠（綠色）
素色珠狀人造花蕊（白色）9 條
鈴蘭人造花蕊 15 條
雙面膠帶

作法

1 製作花苞

纏繞
斜剪
素色珠狀人造花蕊
長（#18 26cm）的鐵絲
花藝用紙膠

將 3 條素色珠狀人造花蕊，以花藝用紙膠，同方向纏繞固定

2 製作花朵、黏接

③用錐子一口氣往下穿孔

②重疊兩片花瓣

①將廢棄不用的毛巾厚厚地疊起

⑤將鈴蘭人造花蕊穿過兩片花瓣，用接著劑黏合

④對半剪開
鈴蘭人造花蕊

⑥將 5 朵花，用花藝用紙膠，同方向纏繞固定

製作 3 支

花瓣（正面）

製作 15 朵

⑦用手指稍加扭轉使其更加生動

到這裡。
花藝用紙膠纏繞到
6cm

3 製作葉子

①貼在雙面膠帶上

葉子（正面）

雙面膠帶（接著面）

②按照布的形狀將雙面膠帶剪下

塑膠紙

③撕下雙面膠帶上的塑膠紙

葉子（背面）

④將長 36cm 的鐵絲（#26）對摺

葉子（背面）

控制在 0.5cm 左右

⑤放上鐵絲

葉子（正面）

⑥貼上

B布（背面）

葉子（正面）

⑦裁剪成相同形狀

葉子（正面）

⑧用錐子劃出葉脈

製作 2 片

⑨用手指稍加扭轉，使其更加生動

實物大小的紙型

材料所載布的數量可供製作一束份。

花瓣
（A布・30 片）

葉子（B布・4 片）

4 捆成一束

①拿起 3 朵花與 2 片葉子，將鐵絲裁剪整齊

②以花藝用紙膠纏繞

完成

約 16cm

布的處理方法同 29 頁，先用接著劑加工後，待其乾燥。

材料（花瓣 1 朵花 1 種顏色的份量）（全為棉布）

葉子・花萼（A 布・綠色）7cm×6cm
花瓣 A・B（B 布）12cm×10cm
木工用接著劑
花藝用鐵絲（#26）36cm 3 條
花藝用紙膠（綠色）
雙面膠帶
百合人造花蕊（白色・只有單邊有珠珠）1 條
水彩顏料（黃色）
黑色油性筆（細）
★花瓣使用黃色與紫色。

材料（花瓣 1 朵花 2 種顏色的份量）（全為棉布）

葉子・花萼（A 布・綠色）7cm×6cm
花瓣 A（B 布・白色）7cm×7cm
花瓣 B（C 布・深紫色）10cm×7cm
木工用接著劑
花藝用鐵絲（#26）36cm 3 條
花藝用紙膠（綠色）
雙面膠帶
百合人造花蕊（白色・只有單邊有珠珠）1 條
水彩顏料（黃色）
黑色油性筆（細）

作法

1 製作花瓣

①貼在雙面膠帶上
花瓣 A（正面）
雙面膠帶（接著面）

②將雙面膠帶剪成布的形狀
花瓣 A（正面）
花瓣 B（正面）

③撕下雙面膠帶上的塑膠紙
塑膠紙
花瓣 A（背面）
花瓣 B（背面）

控制在 0.5cm 左右

④放上長 12cm 的鐵絲（#26）
花瓣 A（背面）
花瓣 B（背面）

①貼在雙面膠帶上
花瓣 B（正面）
雙面膠帶（接著面）

⑤放在布上，剪成相同形狀
※花瓣 B 亦同
花瓣 A（正面）
B 布（背面）

花瓣 A（正面）
製作 5 支

⑥對摺
花瓣 A（正面）

⑦扭轉加上皺摺
※花瓣 B 亦同

⑧用油性筆（細）畫上紋路
※花瓣 B 亦同
花瓣 A（正面）

2 製作花朵

①用水彩顏料（黃色）暈染

②使百合人造花蕊易溶（由於人造花蕊乾燥，須使其快速乾燥。）

③以人造花蕊為中心，從 1 開始依序組合花瓣
花瓣 B
1 2
3
4
5
花瓣 A
百合人造花蕊

3 製作葉子

①以花藝用紙膠纏繞纏繞到這裡纏繞到中間處
長 12（#26）cm 的鐵絲
5 cm

②塗上接著劑
葉子（背面）

控制在 0.5cm 左右

③放上纏繞過花藝用紙膠的鐵絲
葉子（背面）

④用錐子畫上葉脈
葉子（正面）

製作 2 支
葉子（正面）

4 黏合葉子・花萼

①將一朵花與兩片葉子捆成一束，剪斷鐵絲
②以花藝用紙膠纏繞
葉子（正面）
約 10 cm

③用接著劑黏合花萼
花萼（正面）

完成

實物大小的紙型

材料所載布的數量可供製作一束份

葉子（A 布・2 片）

花瓣 A（B 布・2 片）

花瓣 B
單色・B 布・8 片
雙色・
B 布・4 片
C 布・4 片

花萼（A 布・1 片）

材料（全為床單布）
果實（A布・象牙白）25cm×17cm
花萼・葉子（B布・橄欖綠）12cm×12cm
木工用接著劑
花藝用鐵絲（#24）36cm 3 條
花藝用紙膠（淡綠色）
手工藝用棉花少許
水彩顏料（紅色）
60 號車縫線

作法

1 製作果實

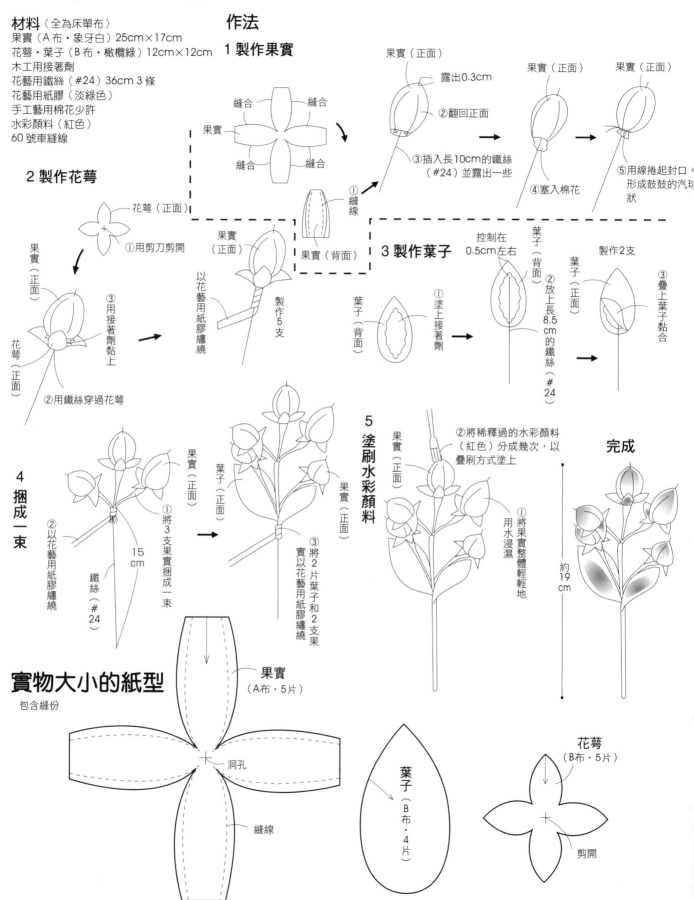

2 製作花萼

3 製作葉子

4 捆成一束

5 塗刷水彩顏料

完成

實物大小的紙型
包含縫份

材料（全為床單布）
花瓣A～D（A布・乳白色）23cm×16cm
葉子A・B（B布・橄欖綠）17cm×15cm
百合人造花蕊（茶色）14條
素色珠狀人造花蕊（白色）6條
木工用接著劑
花藝用鐵絲（＃24）36cm 3條
花藝用紙膠（淡綠色）
水彩顏料（黃色）

作法

1 製作雄蕊

①塗上水彩顏料（黃色）
素色珠狀人造花蕊

②對半剪開

3 條人造花蕊
百合人造花蕊
③以花藝用紙膠纏繞固定
長16cm的鐵絲（＃24）

④對半剪開
⑤在素色珠狀人造花蕊的周圍放上7條百合人造花蕊後，捆成一束
⑥以花藝用紙膠纏繞固定

2 黏合花萼

①將剪開的部分用接著劑重疊黏合，以呈現立體感
②在花瓣底下部分塗上接著劑後，黏至雄蕊上
花瓣B（正面）

0.5cm
花瓣（正面）

⑤花瓣較大型（在中心則黏上花瓣A，外側）
花瓣較小型（在中心處黏上花瓣D，外側則黏上花瓣C）
花瓣B（正面）

3 製作葉子

①將剪開部分用接著劑重疊黏合，以呈現立體感
葉子（正面）

④黏合
葉子（背面）
②塗上接著劑
葉子（正面）
③夾入長13cm的鐵絲（＃24）
重疊0.5cm

4 黏上葉子

花瓣A（正面）
①以花藝用紙膠纏繞固定
葉子A（正面）
4cm
2cm
葉子A（正面）
②以花藝用紙膠將葉子纏繞固定

完成

約21cm
〈花瓣較大型〉

花瓣D
花瓣C
4cm
葉子B
〈花瓣較小型〉
約20cm

實物大小的紙型

花瓣D（A布・3片）
剪開

花瓣C（A布・3片）
剪開

葉子A（B布・4片）
剪開

葉子B（B布・2片）
剪開

花瓣A（A布・3片）
剪開

花瓣B（A布・3片）
剪開

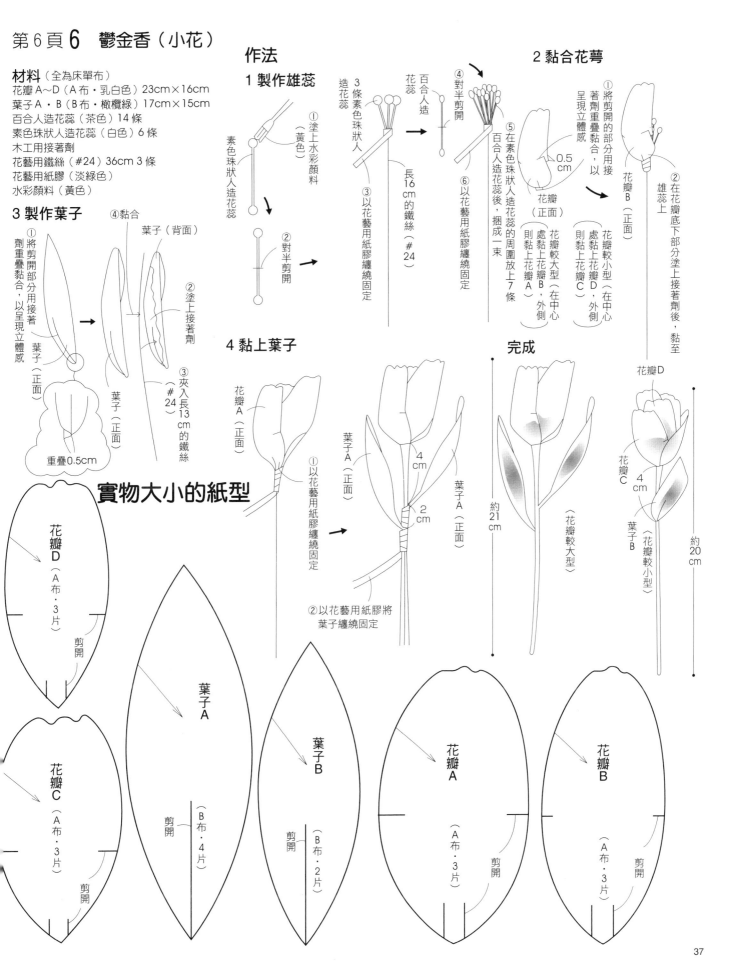

材料（全為床單布）

花瓣A・B（A布・粉紅色）22cm×13cm
葉子・花萼（B布・橄欖綠）19cm×16cm
花芯（C布・米白色）5cm×4cm
木工用接著劑
花藝用鐵絲（#24）36cm 3 條
一般鐵絲（#28）10cm
花藝用紙膠（淡綠色）
百合人造花蕊（深茶色）20 條
並太（粗）毛線（茶色）少許

作法

1 製作花芯

厚紙板
①用毛線捲25圈
②在中心處打結
③剪開
④用剪刀剪開
毛球完成
約2cm
⑤將長5cm的一般鐵絲（#28）刺穿絨球
⑥彎曲鐵絲用一般鐵絲纏繞在花藝
⑦將一般鐵絲纏繞在花藝用鐵絲上
〈花苞〉
⑧將毛球以花藝用紙膠纏繞固定
〈花苞〉
⑨對半剪開
百合人造花蕊
〈花〉
⑩將40條百合人造花蕊，以花藝用紙膠纏繞固定

2 組合花瓣

花瓣（正面）
①將剪開的部分用接著劑重疊黏合，呈現立體感
重疊0.5cm

〈花〉
花瓣A（正面）
②用接著劑黏合6片花瓣，並將中心處稍稍打開
③剩下的6片花瓣，以不與外側花瓣重疊的原則，一片一片與花瓣A黏合
花瓣（正面）

〈花苞〉
花瓣B（正面）
②於毛球塗上接著劑，並黏上6片
花瓣B（正面）

④在花芯背面塗上接著劑，黏到花瓣上
花瓣A（正面）

3 黏合花萼

花萼（正面）
②放上長1.5cm的鐵絲（#24）
花萼（背面）
①塗上接著劑
控制在0.5cm左右
④剪開
③再貼上一片花萼
長15cm的花藝用鐵絲（#24）
⑪用錐子打洞
花芯（正面）
〈花〉
花萼（正面）
⑤將鐵絲穿過花萼用接著劑黏合
⑥用手指稍加扭轉，使其更加生動
〈花苞〉
花萼（正面）
⑤將鐵絲穿過花萼，用接著劑黏合
⑥用手指稍加扭轉，使其更加生動
⑦以花藝用紙膠纏繞到中間處
花芯（正面）
⑫用鐵絲穿過花芯

4 製作葉子

控制在0.5cm左右
葉子（背面）
①塗上接著劑
②放上長14cm的鐵絲（#24）
葉子（正面）
③再貼上一片葉子
④以花藝用紙膠，纏繞到中間處
製作2支

5 黏上葉子

⑦以花藝用紙膠纏繞到中間處
〈花苞〉
黏上葉子後，以花藝用紙膠纏繞固定
6cm
〈花〉
黏上葉子後，以花藝用紙膠纏繞固定
4cm

完成

〈花苞〉
約18cm
〈花〉
約19cm

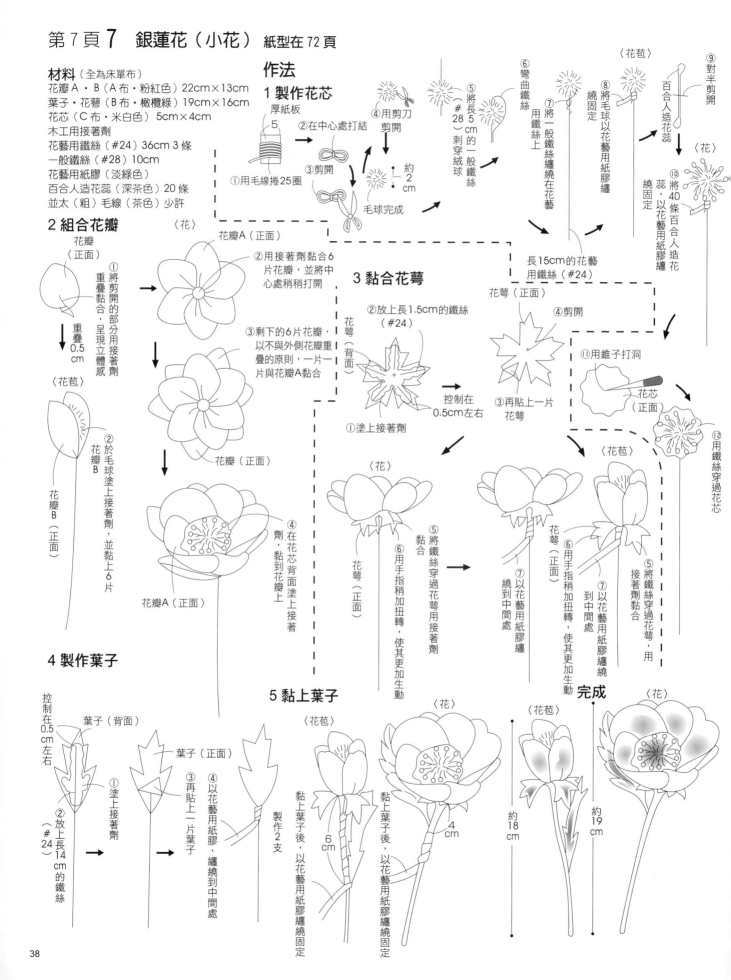

將花瓣與花萼用的布料，先浸入水與膠水 10:1 比例的稀釋液加工，待其乾燥後使用。

材料（1片葉子型花朵1支份）（全為棉布）
花瓣（A布）13cm×7cm
葉子・花萼（B布・綠色）13cm×7cm
木工用接著劑
花藝用鐵絲（#22）1 條
花藝用鐵絲（#26）1 條
花藝用紙膠（苔綠色）
雙面熱接著襯紙 7cm×5cm
木工用接著劑
膠水
★花瓣使用紅底白點或粉紅色布料。

材料（2片葉子型花朵 1 支份）（全為棉布）
花瓣（A布）50cm×6cm
葉子・花萼（B布・綠色）20cm×7cm
木工用接著劑
花藝用鐵絲（#22）1 條
花藝用鐵絲（#26）1 條
花藝用紙膠（苔綠色）
雙面熱接著襯紙 7cm×7cm
木工用接著劑
膠水
★花瓣使用紅白格子或紅底白點布料。

作法

1 製作花芯

①隨機剪開

約3～4cm
花瓣（正面）
②細密縫合
1cm

③拉緊縫線擠出皺摺
花瓣（正面）

④將長36cm的鐵絲（#22）前端彎成U字型
花瓣（背面）

⑤一開始捲花瓣時，要先將鐵絲掛在一端的剪開處

⑥一邊塗上接著劑，一邊將花瓣捲起

花瓣（正面）

⑦用長10cm的鐵絲（#26）扭緊

2 黏合花萼

⑧將鐵絲（#26）纏繞於鐵絲（#22）上

花萼（正面）

將花萼捲上後，以花藝用紙膠纏繞固定

3 製作葉子

②用鉛筆複寫紙型

塑膠紙（粗糙面）
①將複寫過的紙型放在反面

③用珠針固定複寫過紙型的塑膠紙與熱接著襯紙
熱接著襯紙（透明紙）

塑膠紙
熱接著襯紙

④將雙面熱接著襯紙，用熨斗燙貼於布上
B布（背面）

塑膠紙
B布（背面）
⑤用剪刀剪出紙型的形狀

葉子（背面）
塑膠紙
⑥撕下塑膠紙
控制在1cm左右

葉子（背面）
⑦放上長18cm（#26）的鐵絲

葉子（正面）
B布（背面）
⑧將黏好鐵絲的葉子，用熨斗燙貼於布上

B布（背面）
⑨剪下葉子

葉子（正面）

4 黏合葉子

①組合上葉子後剪掉鐵絲
②以花藝用紙膠纏繞

1片葉子型製作1支
2片葉子型製作2支

約38cm

完成

7cm
〈1片葉子型〉

7cm
5cm
〈2片葉子型〉

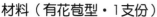

將花瓣與花萼用的布料，先浸入水與膠水 10:1 比例的稀釋液加工，待其乾燥後用熨斗燙過。

材料（有花苞型・1支份）
花瓣・花苞（Ａ布・紅色・嫘縈布）39cm×21cm
葉子・花萼（Ｂ布・綠色・嫘縈布）34cm×10cm
木工用接著劑
花藝用鐵絲（#22）36cm 2 條
花藝用鐵絲（#26）36cm 2 條
花藝用紙膠（苔綠色）
玫瑰花芯用保麗龍芯 2.4cm 2 個
雙面熱接著襯紙 13cm×5cm
膠水

材料（無花苞型・1支份）
花瓣・花苞（Ａ布・紅色・嫘縈布）36cm×21cm
葉子・花萼（Ｂ布・綠色・嫘縈布）23cm×10cm
木工用接著劑
花藝用鐵絲（#22）36cm 1 條
花藝用鐵絲（#26）36cm 2 條
花藝用紙膠（苔綠色）
玫瑰花芯用保麗龍芯 2.4cm 1 個
雙面熱接著襯紙 13cm×5cm
膠水

作法

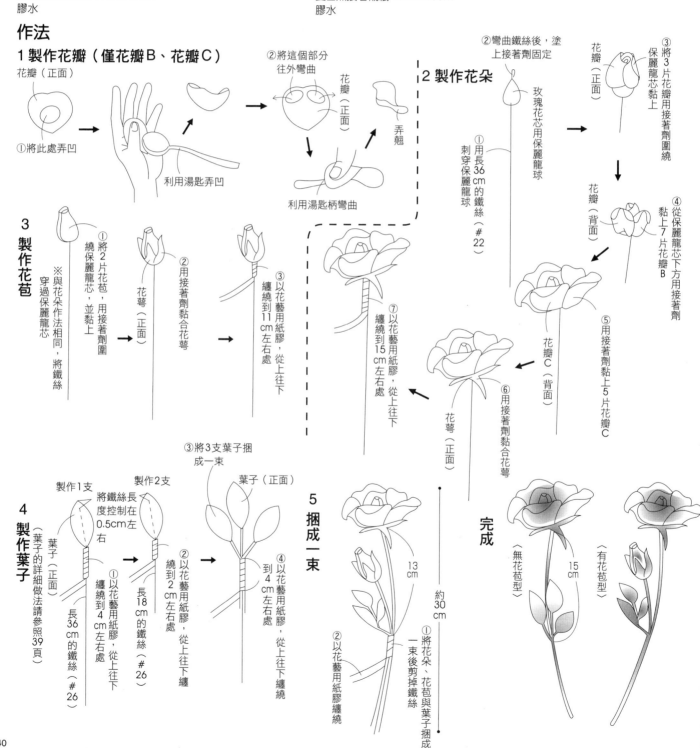

第10頁 10 海芋（花朵） 紙型在51頁

作法
1 製作花芯與花莖 ※花莖亦同

材料（短花莖型・1支份）
花瓣（A布・白色・嫘縈布）25cm×15cm
花芯（B布・黃色・棉布）8cm×4cm
花莖（C布・綠色不規則印染・棉布）20cm×5cm
木工用接著劑
花藝用鐵絲（#22）36cm 1條
雙面膠帶
鋪棉芯 65cm×15cm

材料（長花莖型・1支份）
花瓣（A布・白色・嫘縈布）25cm×15cm
花芯（B布・黃色・棉布）8cm×4cm
花莖（C布・綠色不規則印染・棉布）30cm×5cm
木工用接著劑
花藝用鐵絲（#22）36cm 1條
雙面膠帶
鋪棉芯 65cm×15cm

③留0.3cm縫份後剪下
0.3cm　②縫合
④穿線
留下2cm左右不縫　①對摺　花莖（背面）

2 組合花芯

2
④長50cm的鋪棉芯（準備3條）

③留0.3cm縫份後剪下
0.3cm　②縫合 花芯（背面）
①對摺　④穿線

⑤從針孔穿入，翻回正面
⑥將針拉出 花芯（背面）
花芯（正面）
⑧將前端捏成四等分後縫合
0.5cm　⑦摺入
花芯（正面）　花芯（正面）

①撕下雙面膠帶的塑膠紙
較短花莖的24cm鐵絲（#22）
較長花莖的34cm鐵絲（#22）
②將鐵絲放在雙面膠帶上
③將雙面膠帶捲起
⑤將整components成帶狀的鋪棉芯捲成1cm左右的粗細度
纏繞了雙面膠帶的鐵絲
⑥將纏繞了鋪棉芯的鐵絲中塞入花芯
花芯（正面）

3 製作、組合花瓣

15cm
鋪棉芯
花瓣（背面）
15cm
花瓣（正面）
①將兩片花瓣與鋪棉芯一起縫合

鋪棉芯
花瓣（背面）
②將鋪棉芯沿著接縫邊緣剪下
花瓣（正面）

4 組合花莖

③翻回正面
花瓣（正面）
④捲起花瓣
⑤縫合固定

①摺起0.5cm
花莖（正面）

②將纏繞了鋪棉芯的鐵絲中塞入花芯
花莖（正面）

③鎖縫
花莖（正面）

《短花莖型》約30cm
《長花莖型》約40cm

完成

花芯（正面）

41

將花萼用的布料，先浸入水與膠水 10:1 比例的稀釋液加工，待其乾燥後使用。

材料（1片葉子型・1朵份）
花萼A・B・葉子（A布・綠色不規則印染・棉布）29cm×24cm
花芯（B布・黃色・棉布）15cm×15cm
花瓣（C布・橘色・玻璃紗）7cm×50cm
花瓣（D布・黃綠色・絹網紗）7cm×50cm
厚紙板 8cm×8cm
25 號刺繡線（茶色）
木工用接著劑
手工藝用棉花少許
鋪棉芯 16cm×8cm
雙面熱接著襯紙 11cm×13cm
膠水
花藝用鐵絲（#22）36cm 4 條
花藝用紙膠（苔綠色）
60 號車縫線
透明膠帶

材料（1片葉子型・1朵份）
花萼A・B・葉子（A布・綠色不規則印染・棉布）29cm×35cm
花芯（B布・黃色・棉布）15cm×15cm
花瓣（C布・橘色・玻璃紗）7cm×50cm
花瓣（D布・黃綠色・絹網紗）7cm×50cm
厚紙板 8cm×8cm
25 號刺繡線（茶色）
木工用接著劑
手工藝用棉花少許
鋪棉芯 16cm×8cm
雙面熱接著襯紙 22cm×13cm
膠水
花藝用鐵絲（#22）36cm 5 條
花藝用紙膠（苔綠色）
60 號車縫線
透明膠帶

作法

1 製作花芯

鎖鏈繡
3 出　2 入
1 出

①縫上螺旋狀鎖鏈繡
B 布（正面）（茶色・6股）
8cm
15cm
15cm

②剪下
花芯（正面）
③細密縫合
花芯（正面）
10cm

④蓋上棉花
鋪棉芯

⑤拉線後縫合固定
花芯（正面）
鋪棉芯

2 製作、組合花瓣

③將2片花瓣一起剪開
②細密縫合

①將C布與B布重疊

花瓣（背面）
④拉線縮起

⑤與花芯縫合固定
花瓣（背面）
鋪棉芯

3 製作、組合花萼 B

花萼B（正面）
①重疊8片花萼B、細密縫合
②接到摺線處

③拉線
花萼B（正面）
2.5cm
花萼B（正面）
鋪棉芯

4 製作、組合花萼 A

厚紙板
鋪棉芯
①細密縫合
②將鋪棉芯、厚紙板放入花萼A中
花萼A（背面）

厚紙板
③拉線、縫合固定
④用錐子打洞
花萼A（正面）

⑤將 3 條長 36cm 的鐵絲（#22）扭轉固定
2~3cm

⑥以花藝用紙膠纏繞 11cm 左右

⑦將鐵絲穿過洞孔
花萼A（正面）
到這裡

⑧展開鐵絲後，用透明膠帶固定

⑨用接著劑黏合花萼A
⑩鎖縫
花萼A（正面）

5 製作葉子

（葉子的詳細做法請參照 39 頁）
控制在 0.5cm 左右
葉子（正面）
以花藝用紙膠纏繞 3cm 左右
長 36cm（#26）的鐵絲

②以花藝用紙膠纏繞

6 組合葉子

④縫合固定至花絲女片那的花芯上
約38cm
①將葉子與花朵捆成一束後，剪掉鐵絲

完成

〈1片葉子型〉
〈2片葉子型〉

材料（1朵份）（全為印花棉布）
花瓣A（A布·黃底印花）17cm×14cm
花瓣B（B布·黃色花紋）8cm×8cm
葉子A（C布·綠色花紋）30cm×13cm
葉子B（D布·綠色花紋）28cm×12cm
花莖·苞葉（E布·綠色花紋）17cm×17cm
木工用接著劑
花藝用鐵絲（#18）36cm 1 條
花藝用鐵絲（#26）36cm 1 條
珍珠人造花蕊（黃色）3 條
雙面熱接著襯紙 29cm×13cm
60 號車縫線

作法
1 製作雄蕊

2 製作、組合花莖

3 製作、組合花瓣 B

4 製作、組合花瓣 A

5 製作、組合苞葉

6 製作、組合葉子

完成

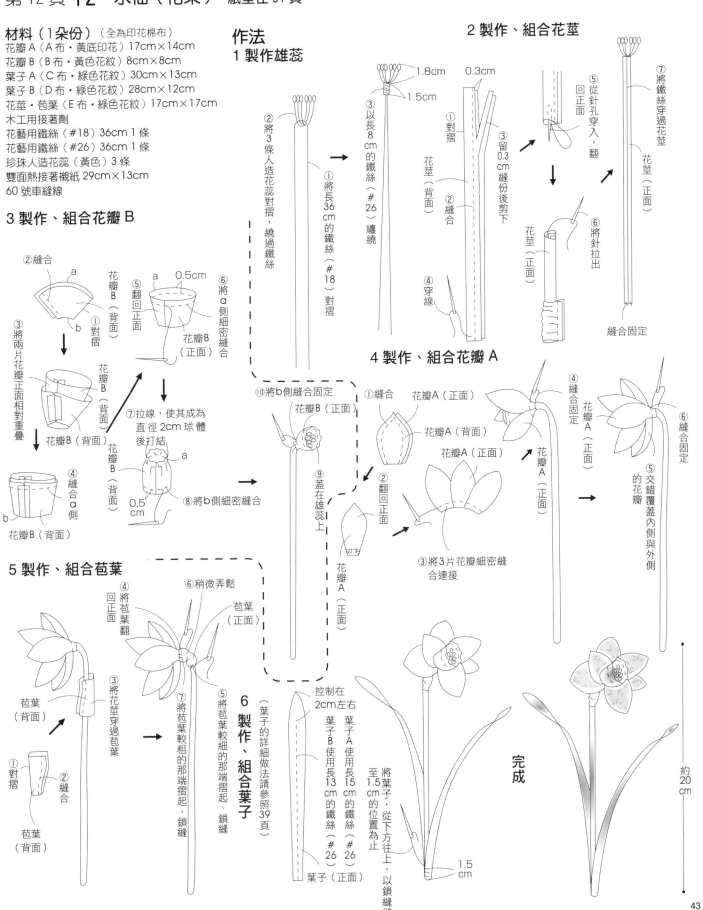

將花萼用的布料，先浸入水與膠水 10:1 比例的稀釋液加工後，待其半乾時使用。

材料（1朵份）

花瓣 A（A 布・紅色或白色或粉紅色・嫘縈布）7cm×65cm
葉子（B 布・綠色不規則印染・棉布）16cm×6cm
花萼（C 布・綠色・棉布）3cm×3cm
木工用接著劑
花藝用鐵絲（#26）36cm 1 條
花藝用鐵絲（#22）36cm 2 條
花藝用紙膠（苔綠色）
雙面熱接著襯紙 8cm×6cm
膠水
珍珠人造花蕊（白色）30 條
木珠（4mm・駝色）1 顆
木珠（10mm・褐色）1 顆
60 號車縫線

作法

1 製作雄蕊

①將接著劑塗在中心處
②將30條珍珠人造花蕊對摺
③用鐵絲（#26）纏繞
人造花蕊
④用鐵絲纏繞
⑤穿過木珠
木珠（4mm）
木珠（10mm）
長10cm的鐵絲（#26）
⑥將人造花蕊的鐵絲與木珠的鐵絲互相纏繞

2 製作、組合花瓣

①於半乾狀態時，握緊加上皺摺
花瓣用布
②疊成8摺
（正面）A布
③畫上記號
紙型
7cm
④用花邊剪刀剪開
花瓣（正面）
⑤展開花瓣
⑥剪開
⑦細密縫合
花瓣（背面）
⑧拉線縮出皺摺
⑨一邊塗上接著劑，一邊將花瓣捲起
花瓣（背面）
雄蕊

3 製作葉子

①將複寫過的紙型放在內側
②用鉛筆複寫紙型
塑膠紙（粗糙面）
③用珠針固定複寫過紙型的塑膠紙與熱接著襯紙
熱接著襯紙（透明紙）
④將雙面熱接著襯紙用熨斗燙貼於布上
塑膠紙
熱接著襯紙
B布（背面）
⑤用剪刀按照紙型的形狀剪下
B布（背面）
⑥葉子（背面）塑膠紙
撕下塑膠紙
控制在0.5cm左右
⑦放上長19.5cm的鐵絲（#22）
葉子（背面）
B布（背面）
⑧將黏好鐵絲的葉子，用熨斗燙貼於布上
⑨剪下葉子
B布（背面）
葉子（正面）

花瓣（背面）
⑩用2條長36cm的鐵絲（#22）纏繞花芯的鐵絲
⑪以花藝用紙膠纏繞

4 組合葉子

17cm
②以花藝用紙膠纏繞

5 組合花萼

約36cm
用接著劑黏合花萼
①組合葉子後剪掉鐵絲

完成

材料（1朵份）（全為縐綢）

花瓣（A布·紫色）12cm×10cm
花瓣·花苞（B布·淡紫色）18cm×10cm
葉子·花萼（C布·綠色）22cm×16cm
木工用接著劑
花藝用鐵絲（#26）8 條
花藝用紙膠（苔綠色）
直徑 1.3cm 的保麗龍球 1 顆
雙面熱接著襯紙 26cm×13cm
珍珠人造花蕊（白色）12 條

作法

1 製作花朵

①將 3 條人造花蕊對摺

珍珠人造花蕊

纏繞

②用長 36 cm 的鐵絲（#26）

③用鐵絲纏繞

④將複寫過的紙型放到內側

⑤用鉛筆複寫紙型

塑膠紙

⑥用珠針固定複寫過紙型的塑膠紙與熱接著襯紙

熱接著襯紙（透明紙）

（粗糙面）

塑膠紙

熱接著襯紙

A布（背面）

⑦用熨斗將雙面熱接著襯紙燙貼於布上

A布（背面）

塑膠紙

⑧用剪刀剪下紙型的形狀

花瓣（背面）

塑膠紙

⑨撕下塑膠紙

B布（背面）

花瓣（正面）

⑩用熨斗將花瓣燙貼於B布上

B布（背面）

⑪剪下花瓣

花瓣（正面）

⑫剪開

花瓣（正面）

製作4支

花瓣（正面）

花瓣（正面）

⑬用接著劑在預留的塗抹處上，塗上薄薄一層

⑭像捲入雄蕊一般，將花瓣貼上

花瓣（正面）

⑮以花藝用紙膠，從上往下纏繞10cm左右

2 製作花苞

①將鐵絲刺穿保麗龍球

長36cm的鐵絲（#26）

②將布蓋上

③用長10cm的鐵絲（#26）纏繞固定

花苞（正面）

④剪掉多餘的布

花萼（正面）

⑤用接著劑黏合花萼

⑥以花藝用紙膠從上往下纏繞10cm左右

3 製作葉子

（葉子的詳細做法請參照44頁）

葉子（正面）

控制在0.5cm左右

長18cm的鐵絲（#26）

製作5支

4 捆成一束

約36cm

①將4支花朵、1支花苞與5片葉子捆成一束後，剪掉鐵絲

②以花藝用紙膠纏繞

完成

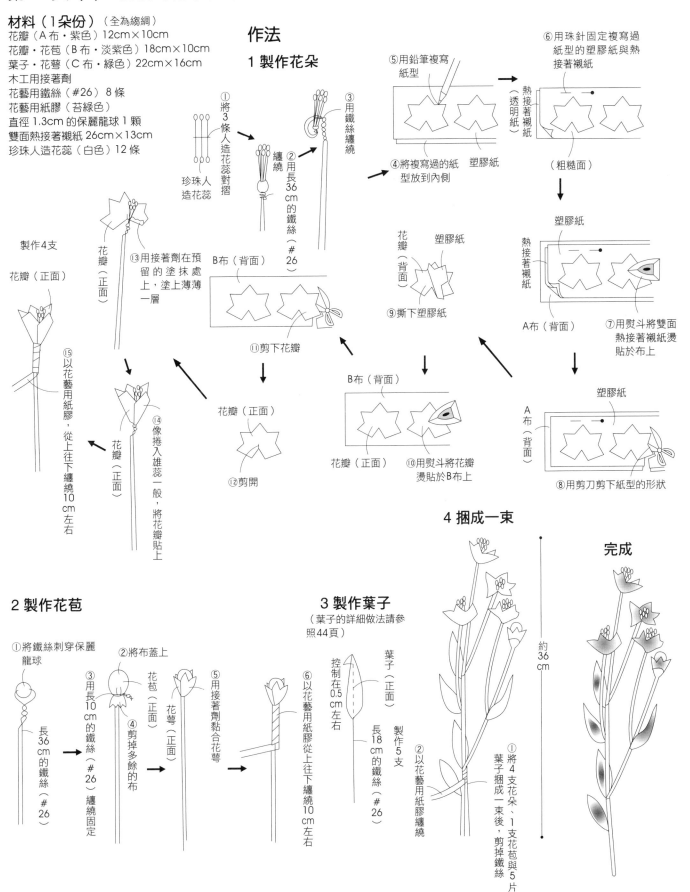

材料（全為綢緞）
花瓣‧花苞（A布‧粉紅色）33cm×23cm
花瓣‧花苞（B布‧白色）33cm×23cm
木工用接著劑
花藝用鐵絲（#26）10 條
花藝用鐵絲（#20〜22）8 條
花藝用紙膠（灰色‧苔綠色）
雙面熱接著襯紙 33cm×23cm
珍珠人造花蕊（綠色）60 條
木工用接著劑

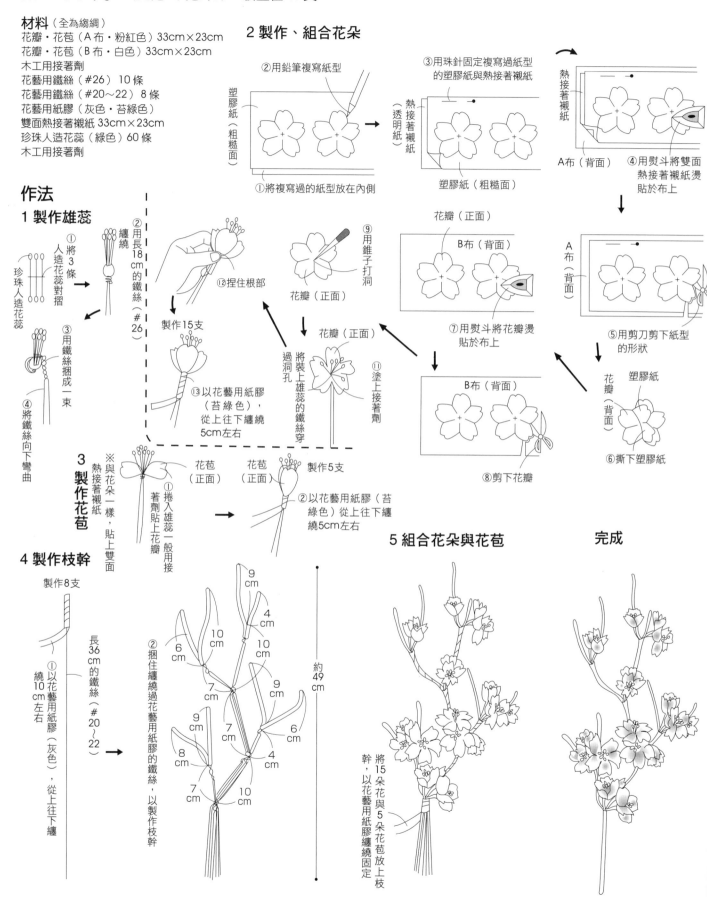

作法

1 製作雄蕊

①將3條人造花蕊對摺
珍珠人造花蕊
②纏繞
③用鐵絲捆成一束
④將鐵絲向下彎曲
②用長18cm的鐵絲（#26）纏繞
⑫捏住根部
製作15支
⑬以花藝用紙膠（苔綠色），從上往下纏繞5cm左右

2 製作、組合花朵

②用鉛筆複寫紙型
塑膠紙（粗糙面）
①將複寫過的紙型放在內側

③用珠針固定複寫過紙型的塑膠紙與熱接著襯紙
熱接著襯紙（透明紙）
塑膠紙（粗糙面）

熱接著襯紙
A布（背面）
④用熨斗將雙面熱接著襯紙燙貼於布上

A布（背面）
⑤用剪刀剪下紙型的形狀

花瓣（背面）
塑膠紙
⑥撕下塑膠紙

花瓣（正面）
B布（背面）
⑦用熨斗將花瓣燙貼於布上

B布（背面）
⑧剪下花瓣

⑨用錐子打洞
花瓣（正面）

花瓣（正面）
⑪塗上接著劑
將裝上雄蕊的鐵絲穿過洞孔

3 製作花苞

※與花朵一樣，貼上雙面熱接著襯紙
①捲入雄蕊一般用接著劑貼上花瓣
花苞（正面）　花苞（正面）
②以花藝用紙膠（苔綠色）從上往下纏繞5cm左右
製作5支

4 製作枝幹

製作8支
長36cm的鐵絲（#20〜22）
①以花藝用紙膠（灰色），從上往下纏繞10cm左右
②捆住纏繞過花藝用紙膠的鐵絲，以製作枝幹

9cm
9cm
4cm
10cm
6cm
10cm
7cm
9cm
9cm
7cm
6cm
8cm
4cm
7cm
10cm
約49cm

5 組合花朵與花苞

將15朵花與5朵花苞放上枝幹，以花藝用紙膠纏繞固定

完成

材料（全為爆縈布）
花瓣・花苞（Ａ布・粉紅色）24cm×20cm
花瓣・花苞（Ｂ布・白色）28cm×20cm
鋪棉芯 90cm×6cm
玫瑰用人造花蕊（米白色）50 條
木工用接著劑
花藝用鐵絲（#20～22）10 條
花藝用紙膠（茶色・綠色）
手工藝用棉花少許
60 號車縫線

作法
1 製作花朵

2 製作花苞

3 製作枝幹

4 組合花朵與花苞

完成

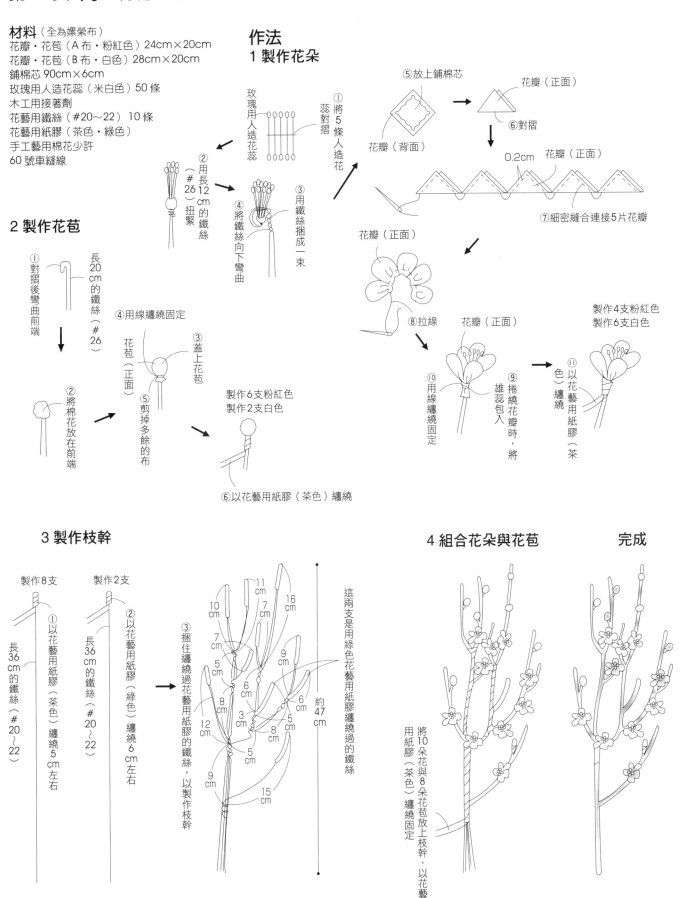

材料

花芯（A布·黃色·棉布）8cm×9cm
花瓣（B布·粉紅色·玻璃紗）24cm×36cm
花瓣（C布·粉紅色·絹網）24cm×36cm
花萼（D布·綠色·嫘縈布）5cm×6cm
25 號刺繡線（綠色）
木工用接著劑
花藝用鐵絲（#26）3 條
花藝用鐵絲（#22）6 條
花藝用紙膠（苔綠色）

作法

1 製作花芯

2 製作、組合花瓣

3 製作葉子

4 捆成一束

完成

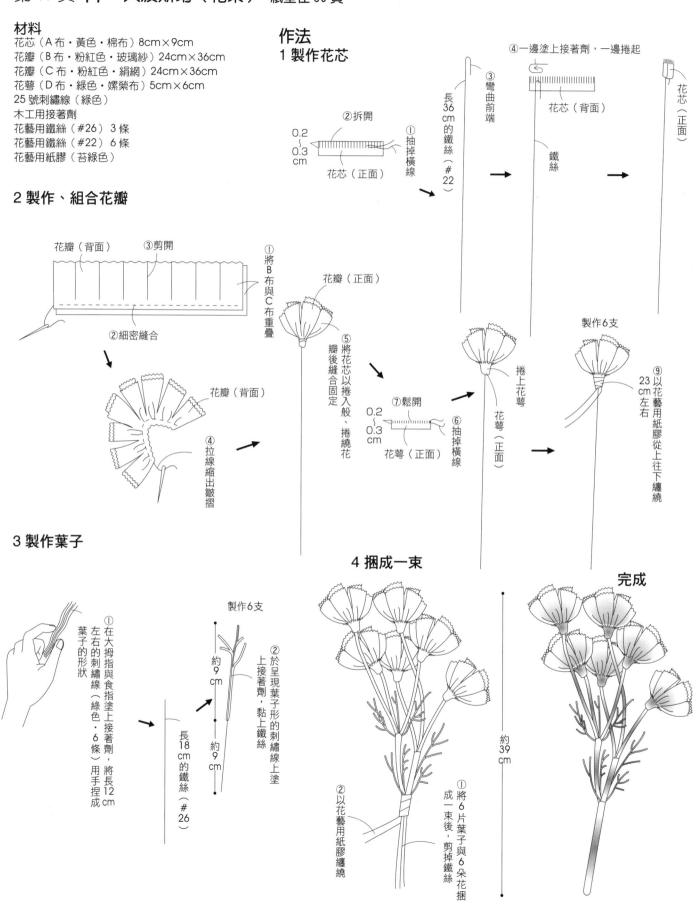

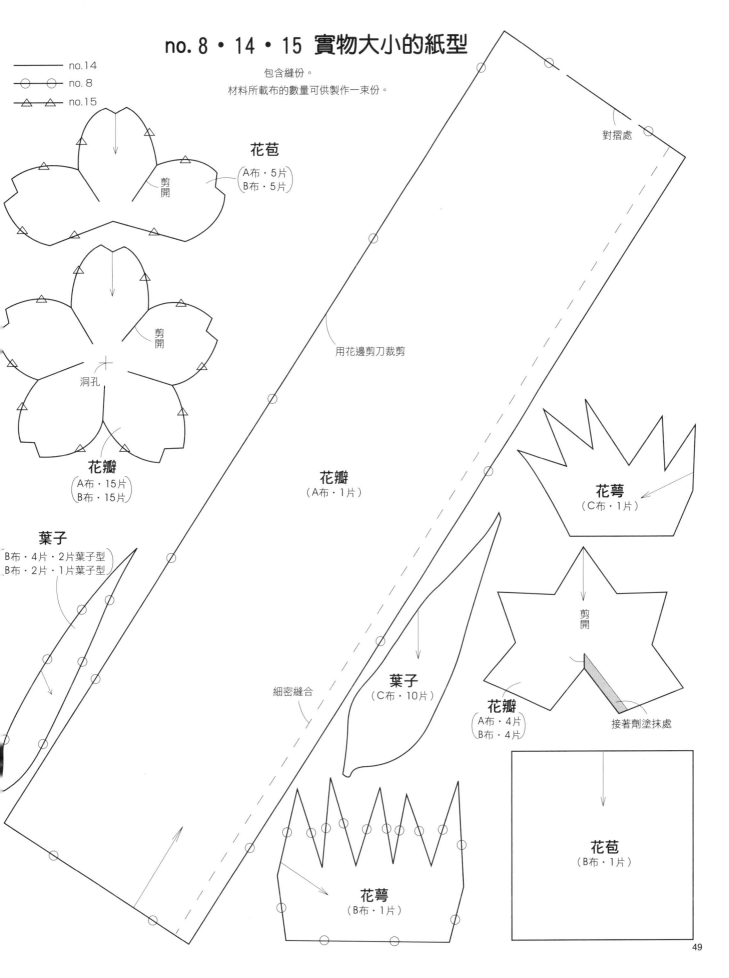

no.8・14・15 實物大小的紙型

包含縫份。
材料所載布的數量可供製作一束份。

── no.14
○─○─○ no.8
△─△─△ no.15

花苞
（A布・5片
　B布・5片）

剪開

花瓣
（A布・15片
　B布・15片）

剪開

洞孔

葉子
（B布・4片・2片葉子型
　B布・2片・1片葉子型）

對摺處

用花邊剪刀裁剪

花瓣
（A布・1片）

細密縫合

葉子
（C布・10片）

花萼
（C布・1片）

剪開

花瓣
（A布・4片
　B布・4片）

接著劑塗抹處

花苞
（B布・1片）

花萼
（B布・1片）

49

No. 9・13・17 實物大小的紙型

包含縫份。

材料所載布的數量可供製作一束份。

○—○—○ no.13
△—△—△ no.9
——— no.17

花瓣 A
（A布・3片）

花苞
（A布・2片）

花瓣 C
（A布・5片）

花瓣
B（A布・7片）

剪開

花萼
（B布・2片・有花苞型）
（B布・1片・無花苞型）

葉子
（B布・6片）

用花邊剪刀裁剪

用花邊剪刀裁剪

花瓣
（A布・1片）

剪開

剪開終點

剪開終點

細密縫合

花萼
（C布・1片）

葉子
（B布・2片）

花萼
（D布・6片）

花芯
（A布・6片）

剪開

花瓣
（B布・6片）
（C布・6片）

細密縫合

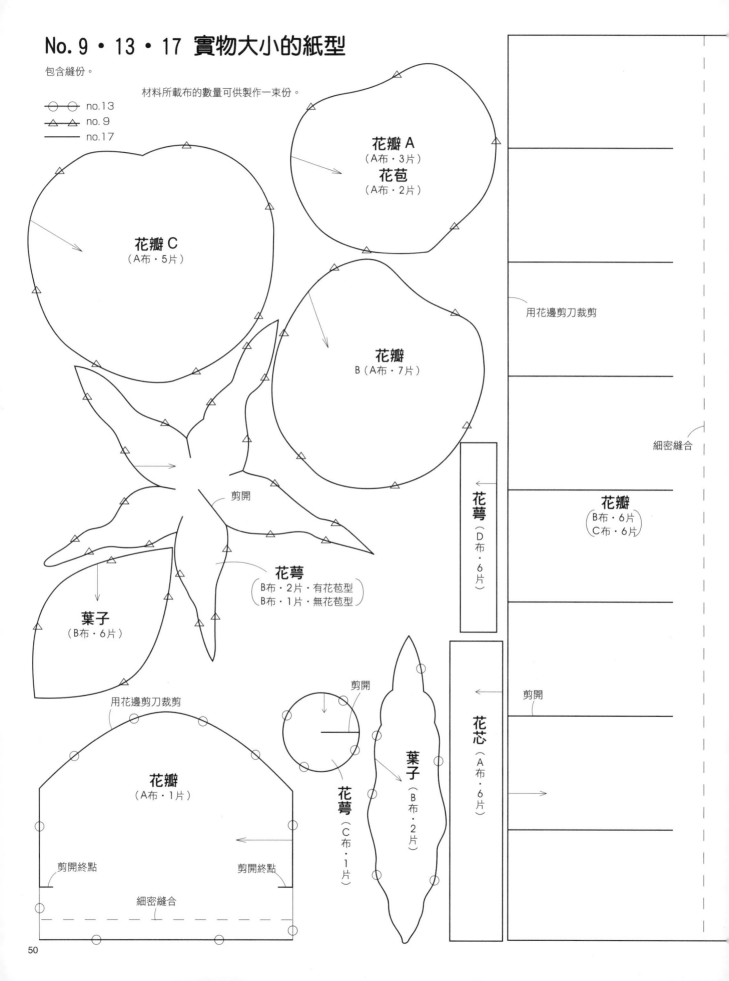

材料所載布的數量可供製作一束份。

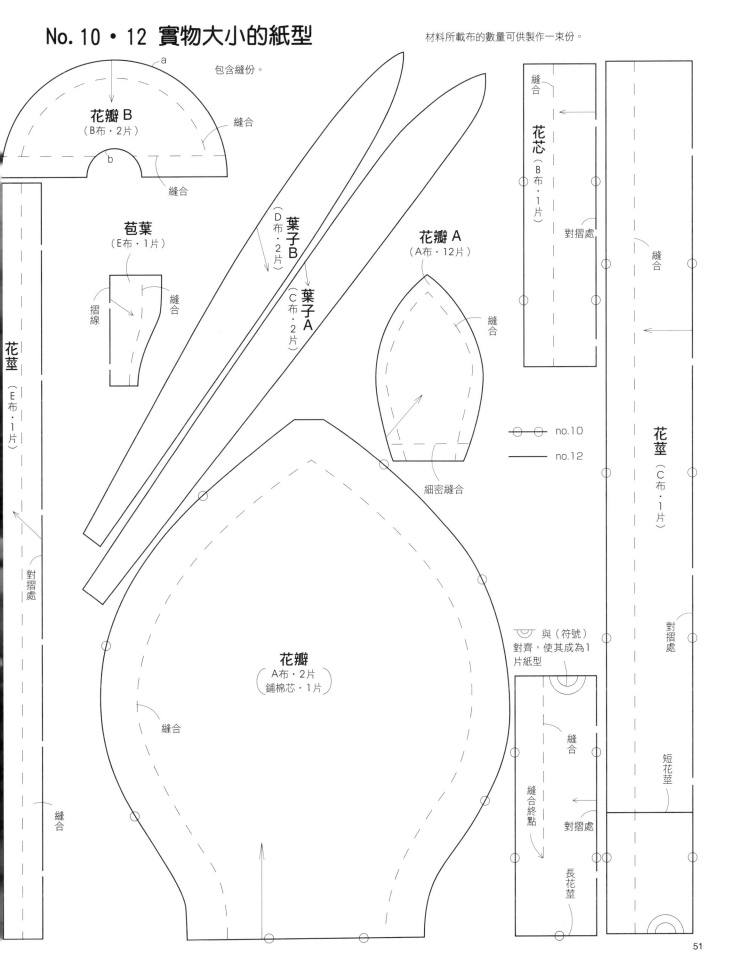

花瓣 B
（B布・2片）

縫合

a

b

縫合

苞葉
（E布・1片）

摺線

縫合

花莖
（E布・1片）

對摺處

縫合

葉子 B
（D布・2片）

葉子 A
（C布・2片）

花瓣 A
（A布・12片）

縫合

細密縫合

花芯
（B布・1片）

對摺處

縫合

對摺處

花莖
（C布・1片）

○—○ no.10
—— no.12

包含縫份。

花瓣
（A布・2片
鋪棉芯・1片）

縫合

與（符號）
對齊，使其成為1
片紙型

縫合

縫合終點

長花莖

對摺處

短花莖

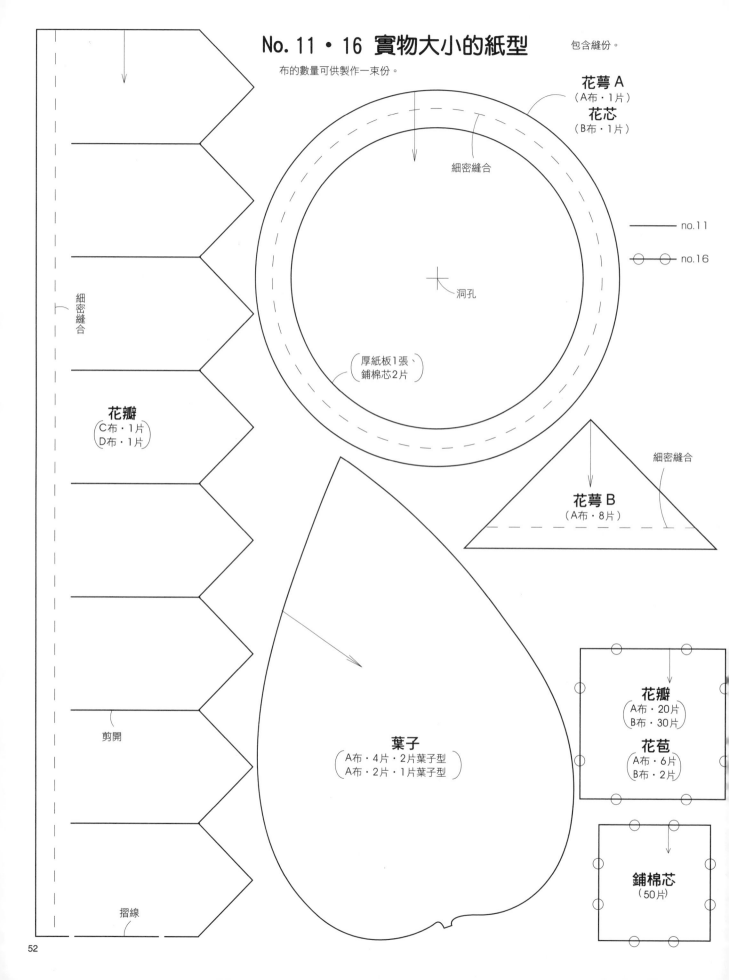

No. 11・16 實物大小的紙型

包含縫份。

布的數量可供製作一束份。

細密縫合

摺線

花瓣
（C布・1片）
（D布・1片）

剪開

花萼 A
（A布・1片）
花芯
（B布・1片）

細密縫合

—————— no.11

⊖⊖ no.16

洞孔

厚紙板1張、
鋪棉芯2片

花萼 B
（A布・8片）

細密縫合

葉子
（A布・4片・2片葉子型）
（A布・2片・1片葉子型）

花瓣
（A布・20片）
（B布・30片）
花苞
（A布・6片）
（B布・2片）

鋪棉芯
（50片）

材料（除指定布以外全為雙層紗布）
花瓣（A布・白色）34cm×28cm
花瓣（B布・嫩黃色）34cm×28cm
花瓣（C布・黃底白點）34cm×28cm
葉子・花萼（D布・亞麻紗布・黃綠色）27cm×20cm
包裝材料（E布・棉巴里紗）29cm×29cm
花藝用鐵絲（#20）36cm 18 條
花藝用鐵絲（#30）36cm 5 條
花藝用紙膠（淺綠色）
手工藝用接著劑
4cm 寬的玻璃紗緞帶 70cm
60 號車縫線

作法
1 製作花朵

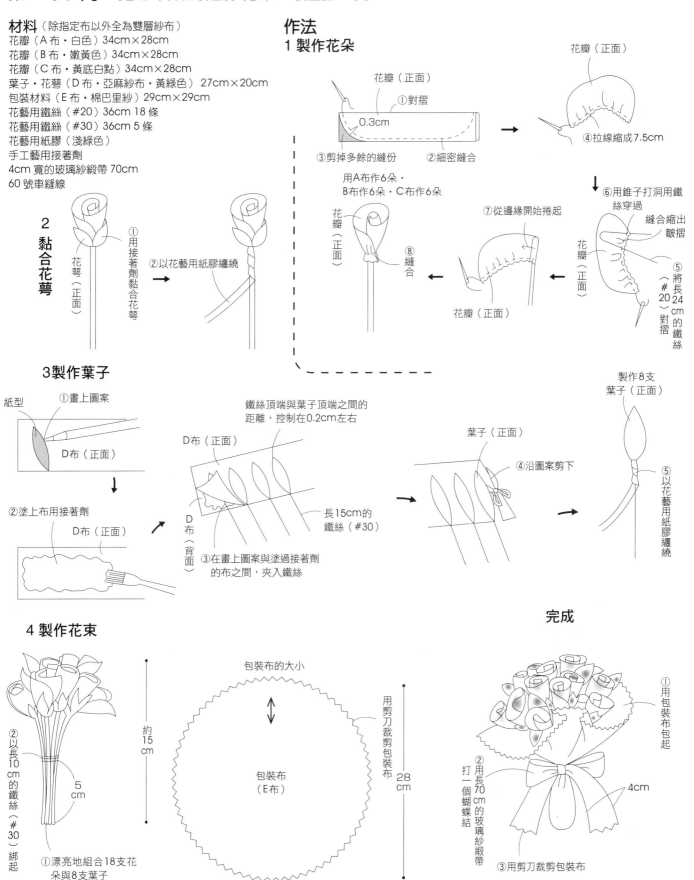

①對摺
0.3cm
③剪掉多餘的縫份
②細密縫合
花瓣（正面）
④拉線縮成7.5cm

⑥用錐子打洞用鐵絲穿過
縫合縮出皺摺
⑤將長24cm的鐵絲（#20）對摺

用A布作6朵・B布作6朵・C布作6朵
⑦從邊緣開始捲起
⑧縫合
花瓣（正面）

2 黏合花萼
①用接著劑黏合花萼
②以花藝用紙膠纏繞
花萼（正面）

3製作葉子
紙型
①畫上圖案
D布（正面）
②塗上布用接著劑
D布（正面）
鐵絲頂端與葉子頂端之間的距離，控制在0.2cm左右
D布（正面）
D布（背面）
③在畫上圖案與塗過接著劑的布之間，夾入鐵絲
長15cm的鐵絲（#30）
葉子（正面）
④沿圖案剪下
製作8支葉子（正面）
⑤以花藝用紙膠纏繞

完成

4 製作花束
②以長10cm的鐵絲（#30）綁起
①漂亮地組合18支花朵與8支葉子
約15cm
5cm

包裝布的大小
包裝布（E布）
用剪刀裁剪包裝布
28cm

①用包裝布包起
②用長70cm的玻璃紗緞帶打一個蝴蝶結
③用剪刀裁剪包裝布
4cm

材料（全為床單布）
花瓣 A・B（A 布・象牙白）25cm×17cm
葉子 A・B（B 布・綠色）10cm×10cm
花萼（C 布・橄欖綠）4cm×4cm
花藝用鐵絲（#24）36cm 11 條
花藝用紙膠（淺綠色・橄欖綠）
素色珠狀人造花蕊（白色・僅單邊有珠狀花蕊）15 條
手工藝用接著劑
包裝紙 A（牛皮紙）20cm×20cm
包裝紙 B（蕾絲紙）18cm 1 張
0.5cm 寬的紙繩 30cm

作法
1 製作大理花

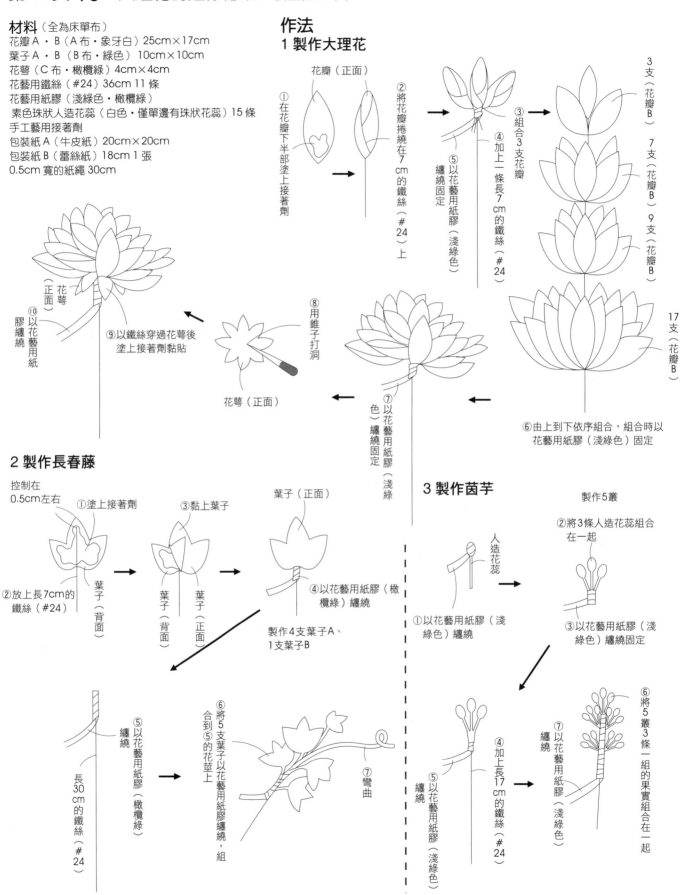

花瓣（正面）

① 在花瓣下半部塗上接著劑

② 將花瓣捲繞在 7 cm 的鐵絲（#24）上

③ 組合 3 支花瓣

④ 加上一條長 7cm 的鐵絲（#24）

⑤ 以花藝用紙膠（淺綠色）纏繞固定

3 支（花瓣 B）

7 支（花瓣 B）

9 支（花瓣 B）

17 支（花瓣 B）

⑥ 由上到下依序組合，組合時以花藝用紙膠（淺綠色）固定

⑦ 以花藝用紙膠（淺綠色）纏繞固定

⑧ 用錐子打洞

花萼（正面）

⑨ 以鐵絲穿過花萼後塗上接著劑黏貼

⑩ 以花藝用紙膠纏繞

花萼（正面）

2 製作長春藤

控制在 0.5cm 左右

① 塗上接著劑

② 放上長 7cm 的鐵絲（#24）

葉子（背面）

③ 黏上葉子

葉子（背面）

葉子（正面）

葉子（正面）

④ 以花藝用紙膠（橄欖綠）纏繞

製作 4 支葉子 A、1 支葉子 B

長 30 cm 的鐵絲（#24）

⑤ 以花藝用紙膠（橄欖綠）纏繞

⑥ 將 5 支葉子以花藝用紙膠纏繞，組合到 ⑤ 的花莖上

⑦ 彎曲

3 製作茵芋

製作 5 叢

人造花蕊

① 以花藝用紙膠（淺綠色）纏繞

② 將 3 條人造花蕊組合在一起

③ 以花藝用紙膠（淺綠色）纏繞固定

④ 加上長 17 cm 的鐵絲（#24）

⑤ 以花藝用紙膠（淺綠色）纏繞

⑥ 將 5 叢 3 條一組的果實組合在一起

⑦ 以花藝用紙膠（淺綠色）纏繞

4 製作花束

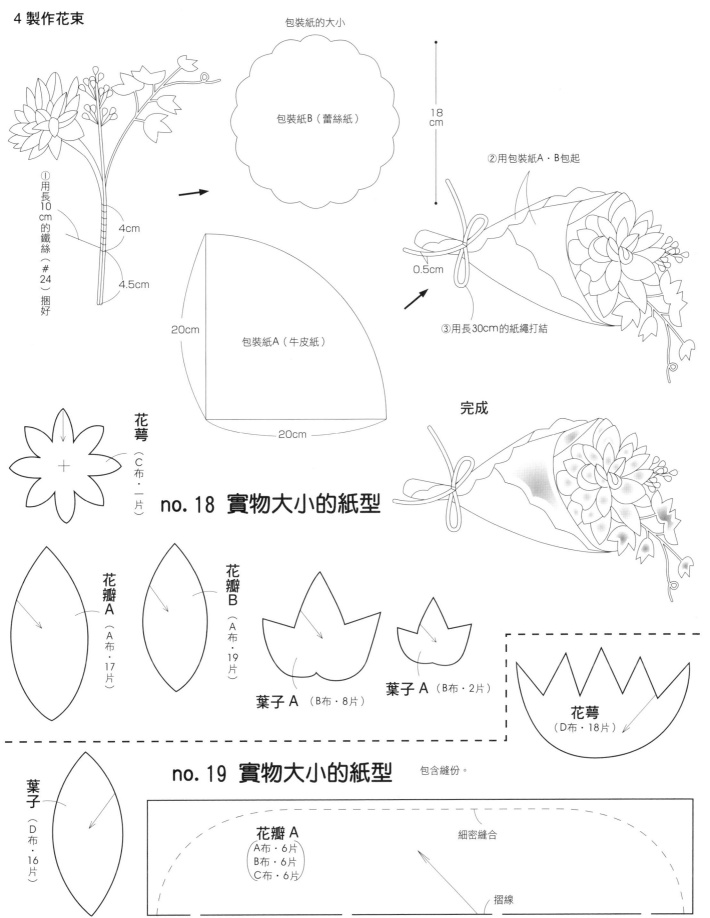

包裝紙的大小

包裝紙B（蕾絲紙）

①用長10cm的鐵絲（#24）捆好

4cm

4.5cm

18cm

②用包裝紙A・B包起

0.5cm

③用長30cm的紙繩打結

20cm

包裝紙A（牛皮紙）

20cm

完成

花萼（C布・一片）

no.18 實物大小的紙型

花瓣A（A布・17片）

花瓣B（A布・19片）

葉子A（B布・8片）

葉子A（B布・2片）

花萼（D布・18片）

葉子（D布・16片）

no.19 實物大小的紙型

包含縫份。

花瓣A
（A布・6片）
（B布・6片）
（C布・6片）

細密縫合

摺線

材料（除指定布以外皆為床單布）
花瓣（A 布‧紅色）43cm×27cm
花瓣（B 布‧白底紅點‧絨呢布）26cm×18cm
葉子‧花萼（C 布‧綠色）21cm×11cm
包裝材料（玻璃紗）50cm×50cm
花藝用鐵絲（#20）36cm 7 條
花藝用鐵絲（#30）36cm 3 條
花藝用紙膠（苔綠色）
手工藝用接著劑
4cm 寬的玻璃紗緞帶 70cm
60 號車縫線

作法
1 製作花朵

2 組合花萼

3 製作葉子

4 組合葉子

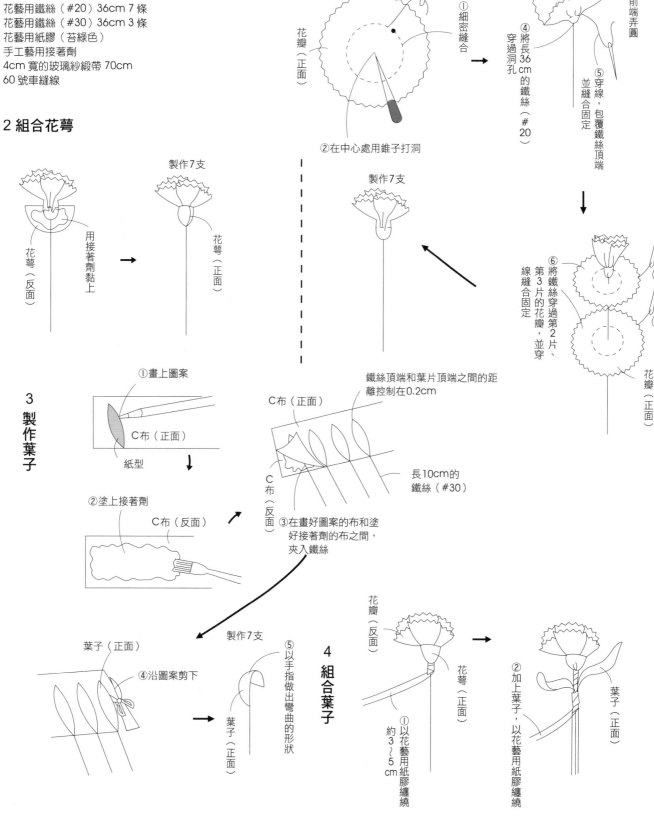

①細密縫合
②在中心處用錐子打洞
花瓣（正面）

③將鐵絲的前端弄圓
④將長36cm的鐵絲（#20）穿過洞孔
⑤穿線，包覆鐵絲頂端並縫合固定
花瓣（正面）

⑥將鐵絲穿過第2片、第3片的花瓣，並穿線縫合固定
花瓣（正面）

製作7支
用接著劑黏上
花萼（反面）
花萼（正面）

製作7支
花萼（正面）

①畫上圖案
C布（正面）
紙型

②塗上接著劑
C布（反面）

鐵絲頂端和葉片頂端之間的距離控制在0.2cm
C布（正面）
C布（反面）
長10cm的鐵絲（#30）
③在畫好圖案的布和塗好接著劑的布之間，夾入鐵絲

製作7支
葉子（正面）
④沿圖案剪下
⑤以手指做出彎曲的形狀
葉子（正面）

花瓣（反面）
①以花藝用紙膠纏繞　約3～5cm
花萼（正面）
葉子（正面）

②加上葉子，以花藝用紙膠纏繞
花瓣（反面）
葉子（正面）

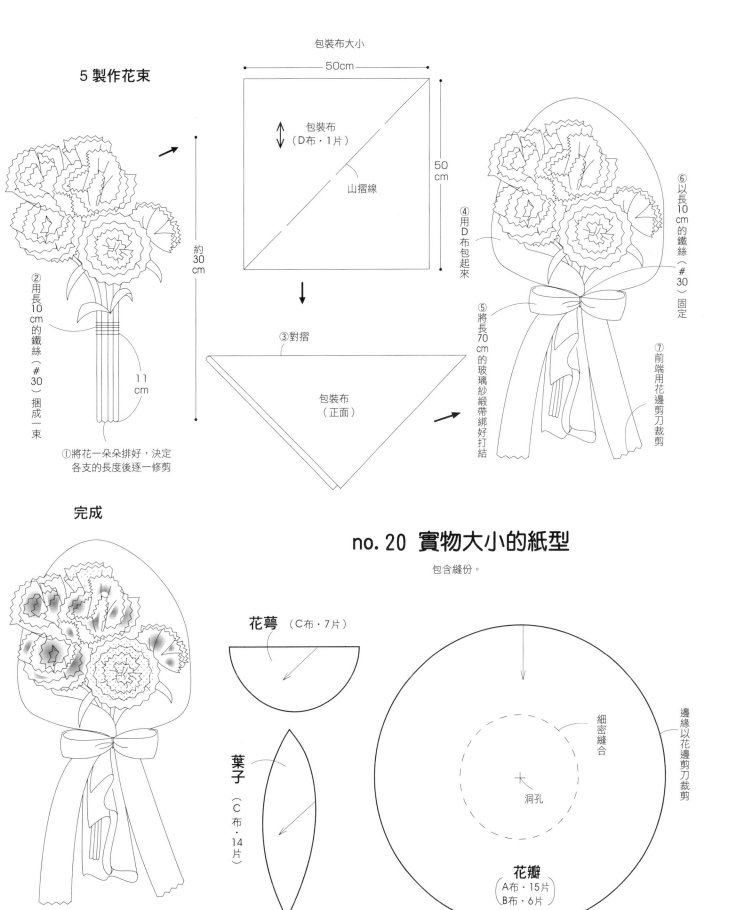

5 製作花束

包裝布大小

50cm

包裝布
（D布・1片）

50cm

山摺線

②用長10cm的鐵絲（#30）捆成一束

11cm

①將花一朵朵排好，決定各支的長度後逐一修剪

約30cm

③對摺

包裝布
（正面）

④用D布包起來

⑤將長70cm的玻璃紗緞帶綁好打結

⑥以長10cm的鐵絲（#30）固定

⑦前端用花邊剪刀裁剪

完成

no.20 實物大小的紙型

包含縫份。

花萼 （C布・7片）

葉子 （C布・14片）

細密縫合

洞孔

邊緣以花邊剪刀裁剪

花瓣
A布・15片
B布・6片

材料（除指定布以外皆為亞麻布）
花瓣A・B・花苞（A布・乳白色）35cm×25cm
花瓣A・B（B布・透明・玻璃紗）19cm×18cm
花瓣A（C布・白色・綿布蕾絲）9cm×9cm
葉子A・B（D布・苔綠色）14cm×11cm
花蕊（E布・黃色）7cm×6cm
纏繞用布（F布・翠綠色）30cm×10cm
花藝用鐵絲（#22）36cm 11 條
百合人造花蕊（白色）20 條
1.2cm 寬的美紋紙膠帶
木工用接著劑
熱熔槍

將布料浸於100c.c.的水和1大匙接著劑混合之液體後，待其乾燥。

作法

製作花A・B的雄蕊

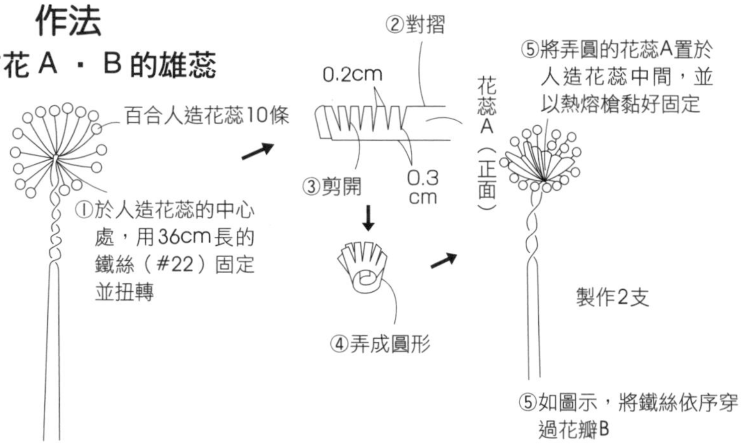

②對摺
0.2cm
③剪開
0.3cm
百合人造花蕊10條
①於人造花蕊的中心處，用36cm長的鐵絲（#22）固定並扭轉
④弄成圓形
⑤將弄圓的花蕊A置於人造花蕊中間，並以熱熔槍黏好固定
花蕊A（正面）
製作2支
⑤如圖示，將鐵絲依序穿過花瓣B

2 製作花朵A・B

如圖示，將鐵絲依序穿過花瓣A

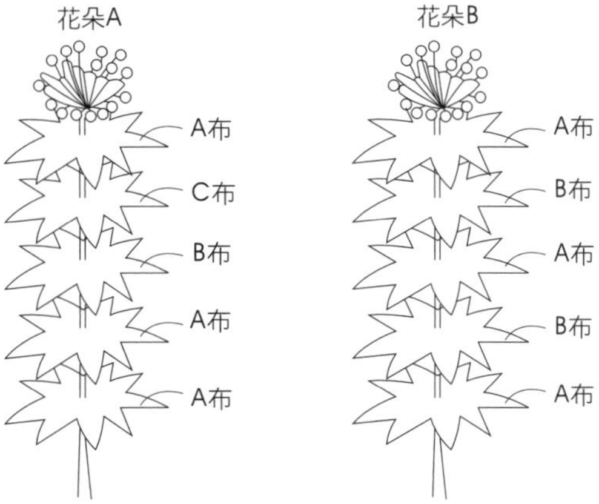

花朵A
A布
C布
B布
A布
A布

花朵B
A布
B布
A布
B布
A布

3 製作小花

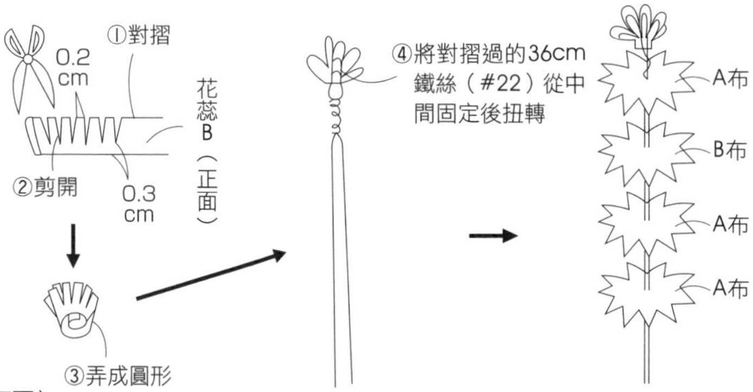

①對摺
0.2cm
②剪開
0.3cm
花蕊B（正面）
③弄成圓形
④將對摺過的36cm鐵絲（#22）從中間固定後扭轉
A布
B布
A布
A布

4 製作花苞

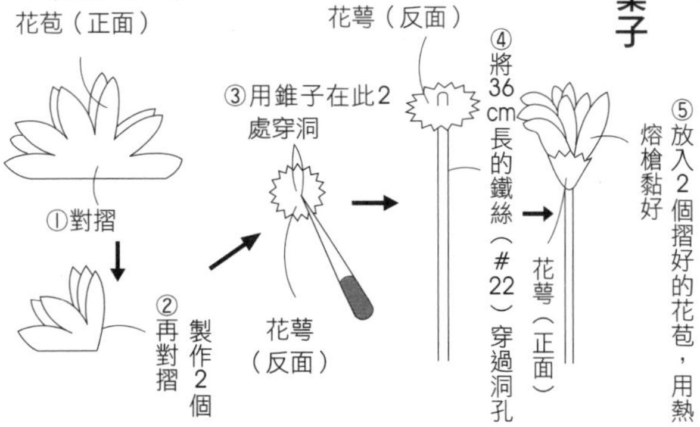

花苞（正面）
①對摺
②再對摺
製作2個

③用錐子在此2處穿洞
花萼（反面）
花萼（反面）

④將36cm長的鐵絲（#22）穿過洞孔
花萼（正面）

5 製作葉子

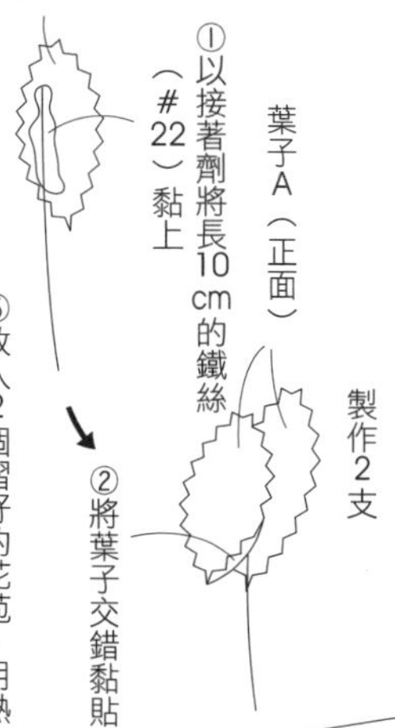

葉子A（正面）
①以接著劑將長10cm的鐵絲（#22）黏上
葉子A（正面）
②將葉子交錯黏貼
製作2支

⑤放入2個摺好的花苞，用熱熔槍黏好

6 撕開纏繞用布

30cm
將布料每1cm撕成一條，準備10條
花圈纏繞用布

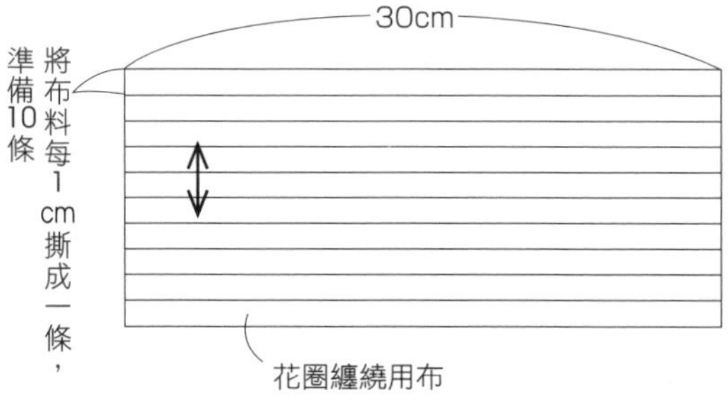

7 以纏繞用布纏繞花朵A・B・小花的鐵絲

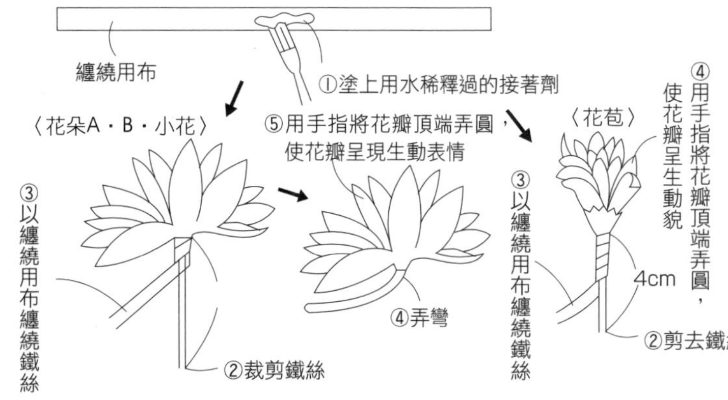

纏繞用布
①塗上用水稀釋過的接著劑
⑤用手指將花瓣頂端弄圓，使花瓣呈現生動表情

〈花朵A・B・小花〉
③以纏繞用布纏繞鐵絲
②裁剪鐵絲
④弄彎

〈花苞〉
④用手指將花瓣頂端弄圓，使花瓣呈生動貌
③以纏繞用布纏繞鐵絲
②剪去鐵絲
4cm

8 製作花圈

①重疊約5cm
②以美紋紙膠帶纏繞固定，連接6條36cm的鐵絲（#22）
③以塗好稀釋過接著劑的纏繞布料，纏繞鐵絲

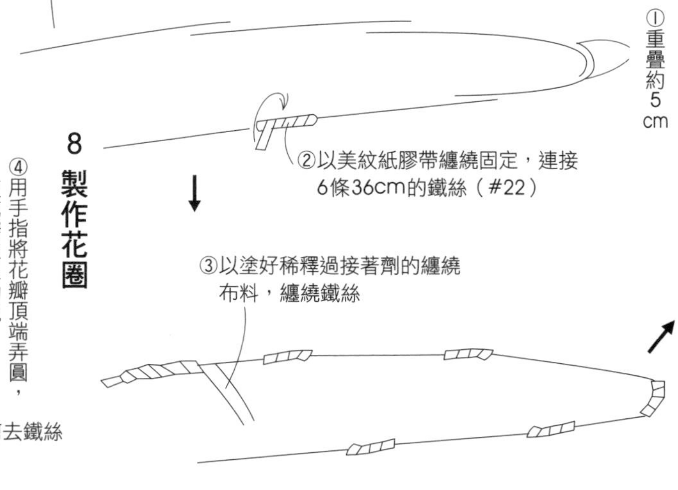

9 裝飾於花圈上

約18cm

④將花圈重複三層圈成圓形

約22cm

⑤以塗好稀釋過接著劑的
纏繞布料，纏繞固定

小花

花朵A

葉子B

葉子A

花苞

約27cm

花朵B

葉子A

用熱熔槍將花朵、花
苞和葉子黏好固定

完成

no. 21實物大小的紙型

對摺處

花蕊A （E布・2片）

摺線

花蕊B （E布・1片）

葉子B （D布・7片）

花瓣A
A布・6片
B布・3片
C布・1片

剪開

花苞
（A布・2片）

以花邊剪刀裁剪

葉子A （D布・4片）

花瓣B
A布・3片
B布・1片

剪開

以花邊剪刀裁剪

花萼
（D布・1片）

洞孔

材料（肉桂以外的布料皆為羊毛）
花瓣（A布・橘色）20cm×12cm
花萼A・B（B布・深褐色）29cm×16cm
肉桂（C布・米白色・亞麻布）18cm×12cm
手工藝用棉花少許
25號刺繡線（深褐色）
金屬鏈50cm 1條
仿珍珠（7公厘・米黃色）1個
花藝用紙膠（綠色）
木工用接著劑
熱熔槍
市售木質花圈1個
市售木板1個

將布料浸於混合100c.c.的水和1大匙接著劑的液體中，待其乾燥

作法

1 製作紅花

②用剪刀剪開
①對摺
0.2cm
0.3cm
花瓣（正面）

花瓣（正面）
③捲好後，用熱熔槍黏好固定

花瓣（正面）
花萼B（正面）
下方捲細
④用熱熔槍固定

製作5個

2 製作木棉花

約6cm
棉花

花萼A（正面）
25號刺繡線（深褐色・雙線）
①打小結

花萼A（反面）
②置入棉花

花萼A（正面）
③從後方將縫線往上穿出來

④從正中央將針刺入

⑤由中心點均分5等分，拉過線，做出花型後，在後面打結

製作5個

3 製作肉桂

肉桂（反面）
①稍微斜斜捲起

②用刺繡線（深褐色・6股）打結
肉桂（正面）

製作5個

4 裝飾於花圈上

紅花
木棉花
肉桂
22cm

依序排列，並做出花朵傾斜固定，做出花朵生動的樣子

以熱熔槍黏於市售的花圈上

5 裝飾金屬鏈

①用熱熔槍將珍珠黏於金屬鏈上
長50cm的金屬鏈

②在花圈右端的位置掛上金屬鏈，用熱熔槍黏好固定

6 組裝於木板上

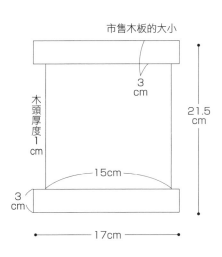

市售木板的大小

3 cm

21.5 cm

木頭厚度 1 cm

15cm

3 cm

17cm

以熱熔槍將花圈固定於木板上

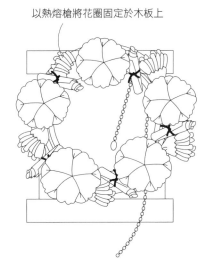

完成

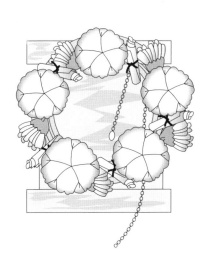

no.23實物大小的紙型

包含縫份。

花萼 B
（B布・5片）

以花邊剪刀裁剪

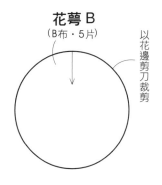

花瓣
（A布・5片）

對摺處

肉桂
（C布・5片）

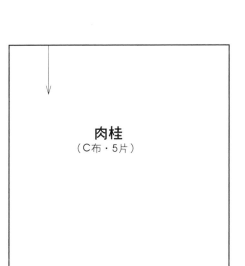

花萼A
（B布・5片）

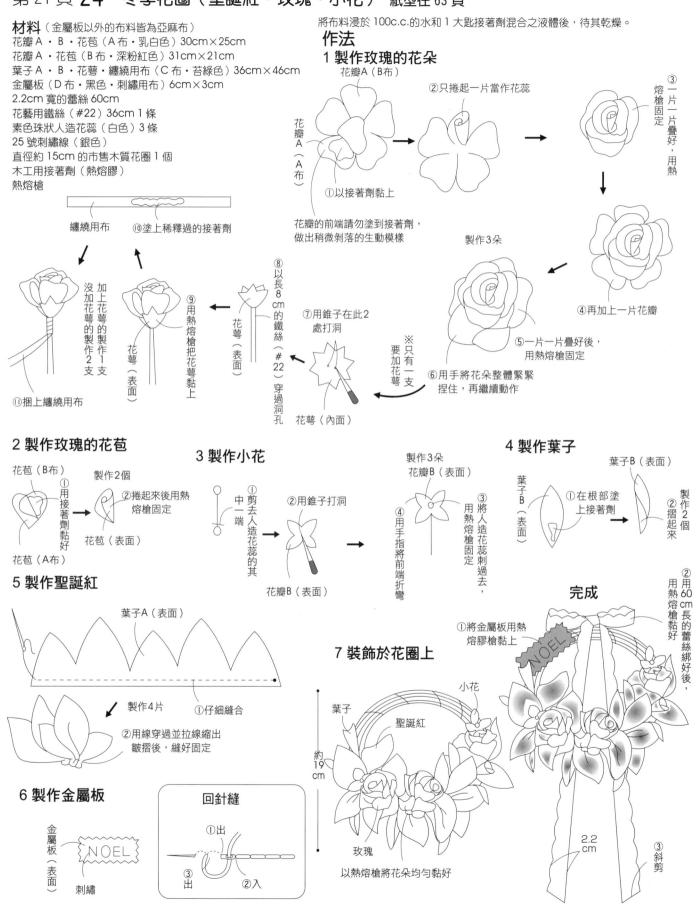

材料（金屬板以外的布料皆為亞麻布）
花瓣 A・B・花苞（A 布・乳白色）30cm×25cm
花瓣 A・花苞（B 布・深粉紅色）31cm×21cm
葉子 A・B・花萼・纏繞用布（C 布・苔綠色）36cm×46cm
金屬板（D 布・黑色・刺繡用布）6cm×3cm
2.2cm 寬的蕾絲 60cm
花藝用鐵絲（#22）36cm 1 條
素色珠狀人造花蕊（白色）3 條
25 號刺繡線（銀色）
直徑約 15cm 的市售木質花圈 1 個
木工用接著劑（熱熔膠）
熱熔槍

將布料浸於 100c.c. 的水和 1 大匙接著劑混合之液體後，待其乾燥。

作法

1 製作玫瑰的花朵

花瓣 A（B 布）
②只捲起一片當作花蕊
③一片一片疊好，用熱熔槍固定
花瓣 A（A 布）
①以接著劑黏上
花瓣的前端請勿塗到接著劑，做出稍微剝落的生動模樣
製作 3 朵
④再加上一片花瓣
⑤一片一片疊好後，用熱熔槍固定
⑥用手將花朵整體緊緊捏住，再繼續動作

※只有一支要加花萼
⑦用錐子在此 2 處打洞
花萼（內面）
⑧以長 8cm 的鐵絲（#22）穿過洞孔
花萼（表面）
⑨用熱熔槍把花萼黏上
花萼（表面）
⑩塗上稀釋過的接著劑
纏繞用布
⑪捆上纏繞用布
加上花萼的製作 1 支
沒加花萼的製作 2 支

2 製作玫瑰的花苞

花苞（B 布）
製作 2 個
①用接著劑黏好
花苞（A 布）
②捲起來後用熱熔槍固定
花苞（表面）

3 製作小花

①剪去人造花蕊的其中一端
②用錐子打洞
花瓣 B（表面）
製作 3 朵
花瓣 B（表面）
③將人造花蕊刺過去，用熱熔槍固定
④用手指將前端折彎

4 製作葉子

葉子 B（表面）
①在根部塗上接著劑
葉子 B（表面）
②摺起來
製作 2 個

5 製作聖誕紅

葉子 A（表面）
①仔細縫合
製作 4 片
②用線穿過並拉線縮出皺摺後，縫好固定

6 製作金屬板

金屬板（表面）
NOEL
刺繡

回針縫
①出
②入
③出

7 裝飾於花圈上

①將金屬板用熱熔膠槍黏上
NOEL
小花
葉子
聖誕紅
約 19cm
玫瑰
以熱熔槍將花朵均勻黏好

完成

②用 60cm 長的蕾絲綁好後，用熱熔槍黏上
2.2cm
③斜剪

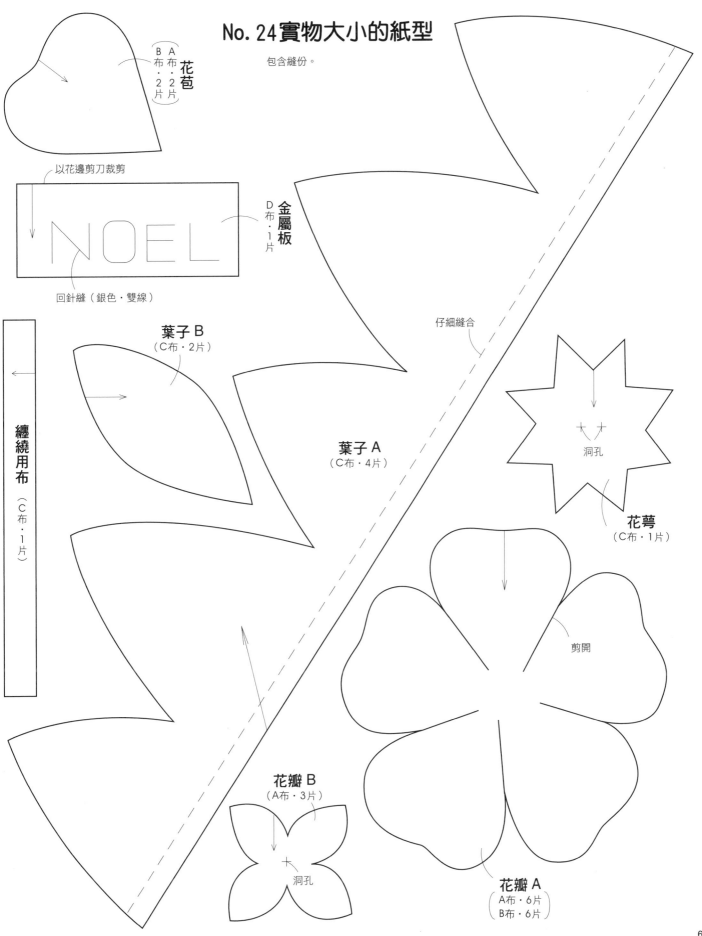

No. 24 實物大小的紙型

包含縫份。

花苞
（B布·2片　A布·2片）

以花邊剪刀裁剪

NOEL

回針縫（銀色·雙線）

金屬板
（D布·1片）

仔細縫合

纏繞用布
（C布·1片）

葉子 B
（C布·2片）

葉子 A
（C布·4片）

花萼
（C布·1片）

洞孔

剪開

花瓣 B
（A布·3片）

洞孔

花瓣 A
（A布·6片　B布·6片）

將布料浸於 100c.c.的水和 1 大匙接著劑混合之液體後，待其乾燥。

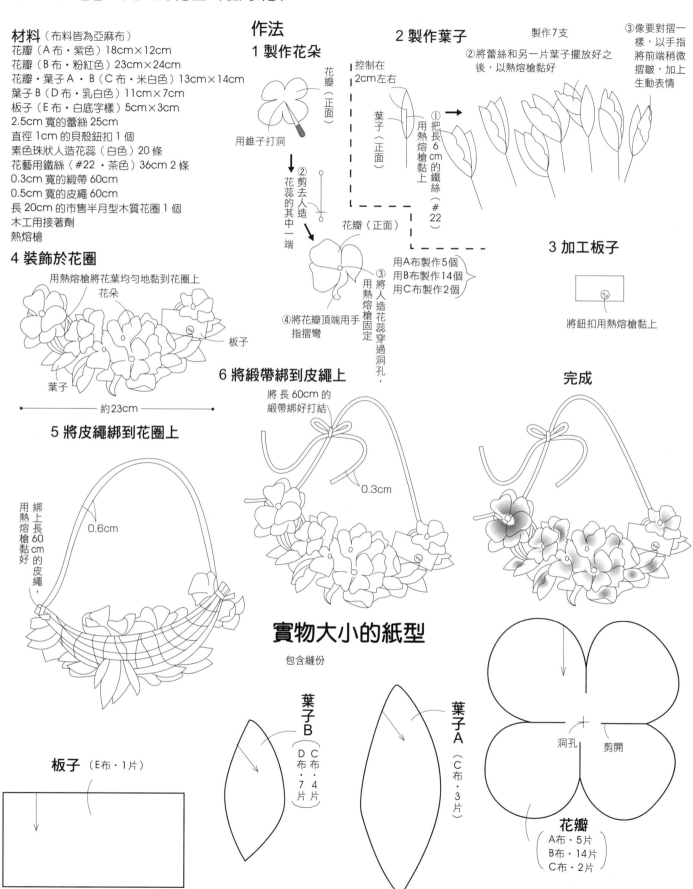

材料（布料皆為亞麻布）
花瓣（A 布・紫色）18cm×12cm
花瓣（B 布・粉紅色）23cm×24cm
花瓣・葉子 A・B（C 布・米白色）13cm×14cm
葉子 B（D 布・乳白色）11cm×7cm
板子（E 布・白底字樣）5cm×3cm
2.5cm 寬的蕾絲 25cm
直徑 1cm 的貝殼鈕扣 1 個
素色珠狀人造花蕊（白色）20 條
花藝用鐵絲（#22・茶色）36cm 2 條
0.3cm 寬的緞帶 60cm
0.5cm 寬的皮繩 60cm
長 20cm 的市售半月型木質花圈 1 個
木工用接著劑
熱熔槍

作法
1 製作花朵

花瓣（正面）
用錐子打洞

②剪去人造花蕊的其中一端

花瓣（正面）
③將人造花蕊穿過洞孔，用熱熔槍固定
④將花瓣頂端用手指摺彎

2 製作葉子

控制在 2cm 左右

葉子（正面）
①把長 6cm 的鐵絲（#22）用熱熔槍黏上

製作 7 支

②將蕾絲和另一片葉子擺放好之後，以熱熔槍黏好

③像要對摺一樣，以手指將前端稍微摺皺，加上生動表情

用 A 布製作 5 個
用 B 布製作 14 個
用 C 布製作 2 個

3 加工板子

將鈕扣用熱熔槍黏上

4 裝飾於花圈

用熱熔槍將花葉均勻地黏到花圈上
花朵
板子
葉子
約 23cm

5 將皮繩綁到花圈上

用熱熔槍黏好綁上長 60cm 的皮繩，
0.6cm

6 將緞帶綁到皮繩上

將長 60cm 的緞帶綁好打結
0.3cm

完成

實物大小的紙型

包含縫份

板子（E 布・1 片）

葉子 B
D 布・7 片
C 布・4 片

葉子 A
（C 布・3 片）

洞孔
剪開

花瓣
A 布・5 片
B 布・14 片
C 布・2 片

材料（布料皆為棉布）
葉子A（A布・紅色的耶誕印花）47cm×36cm
葉子B（B布・綠色的耶誕印花）70cm×50cm
葉子B（C布・綠色不規則印染）52cm×30cm
仿珍珠（金色・7mm）18 個
花藝用鐵絲（#26）36cm 28 條
花藝用紙膠（苔綠色）
雙面熱接著襯紙 80cm×43cm
花盆 1 個
紙（填充物）

作法
1 製作雄蕊

製作6條

① 長 6 cm 的鐵絲（#26）穿過珍珠之後扭轉

② 將 6 條雄蕊以 5 cm 長的鐵絲（#26）纏繞固定

③ 以長約 2 cm 的花藝用紙膠纏繞

2 製作葉子

② 用鉛筆描繪紙型

① 描好的紙型朝內放置

塑膠紙（粗糙面）

③ 把描好圖形的塑膠紙跟雙面熱接著襯紙，用珠針固定

雙面熱接著襯紙（透明紙）

塑膠紙（粗糙面）

塑膠紙

葉子（反面） 塑膠紙

⑥ 撕下塑膠紙

B布（反面）

④ 將固定好的雙面熱接著襯紙，燙貼於布面

控制在 0.7cm左右

葉子（反面）

⑦ 放上長 18 cm 的鐵絲（#26）

B布（反面）

塑膠紙

⑤ 用剪刀剪下紙型的圖案

C布（反面）

葉子（正面）

⑧ 將黏好鐵絲的葉子燙貼於布面

⑨ 剪下葉子

C布（反面）

葉子（正面）

葉子（正面）

⑩ 黏貼並使鐵絲的痕跡浮現

3 組合葉子

葉子A（正面）

葉子A（正面）

① 將 3 片葉子A與雄蕊扭轉固定

② 以花藝用紙膠纏繞

葉子A・3片

葉子A・3片

葉子B 3片
葉子B 3片
葉子B 3片
葉子B 3片

③ 依序將葉子以三片為單位組合在一起，以花藝用紙膠纏繞

④ 以花藝用紙膠纏繞

葉子B（正面）

※ 將葉子B配合布料花紋組合好

⑤ 攤開葉子

4 裝飾於花盆

② 放入聖誕紅

21 cm

製作3支

① 將填充物置入花盆內

實物大小的紙型

包含縫份。

葉子 A
（A布・36片）

葉子 B
（B布・48片）
（C布・24片）

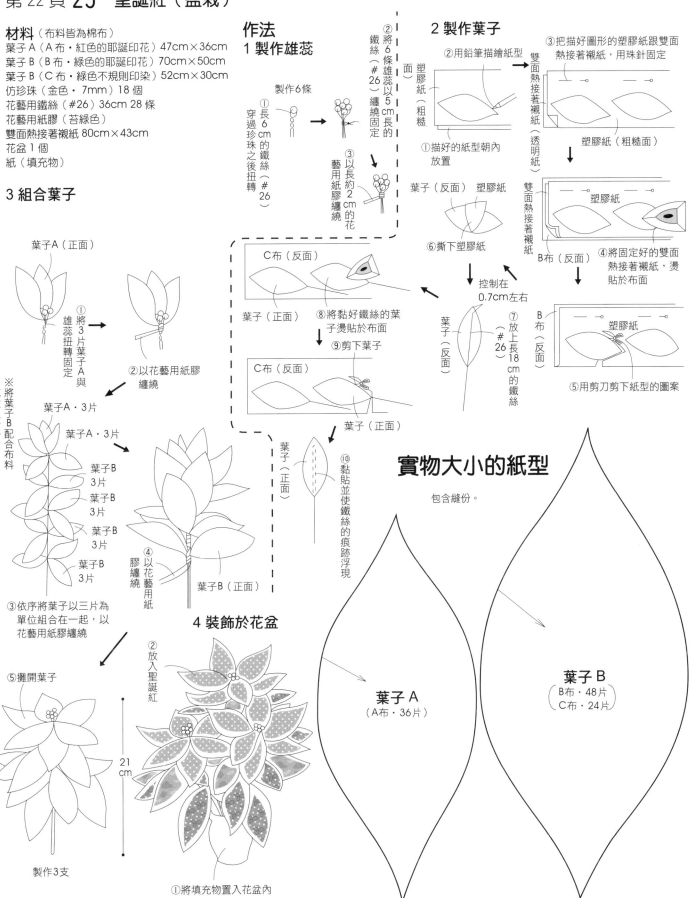

材料（指定布料以外皆為印花棉布）
花瓣（A布‧深粉紅底白點）32cm×16cm
花瓣（B布‧淡粉紅色底印花）32cm×16cm
葉子A‧B（C布‧黃綠色系花紋）14cm×14cm
葉子A‧B（D布‧綠色系花紋）14cm×14cm
葉子A‧B（E布‧格子花紋‧先染格子布）14cm×14cm
花藝用鐵絲（#26）36cm 36條
花藝用鐵絲（#22）36cm 6條
素色珠狀人造花蕊（白色）3條
花藝用紙膠（茶色‧綠色）
雙面熱接著襯紙 28cm×14cm
花盆 1個
紙（填充物）

作法

1 製作花朵

2 製作葉子

3 裝飾於花盆

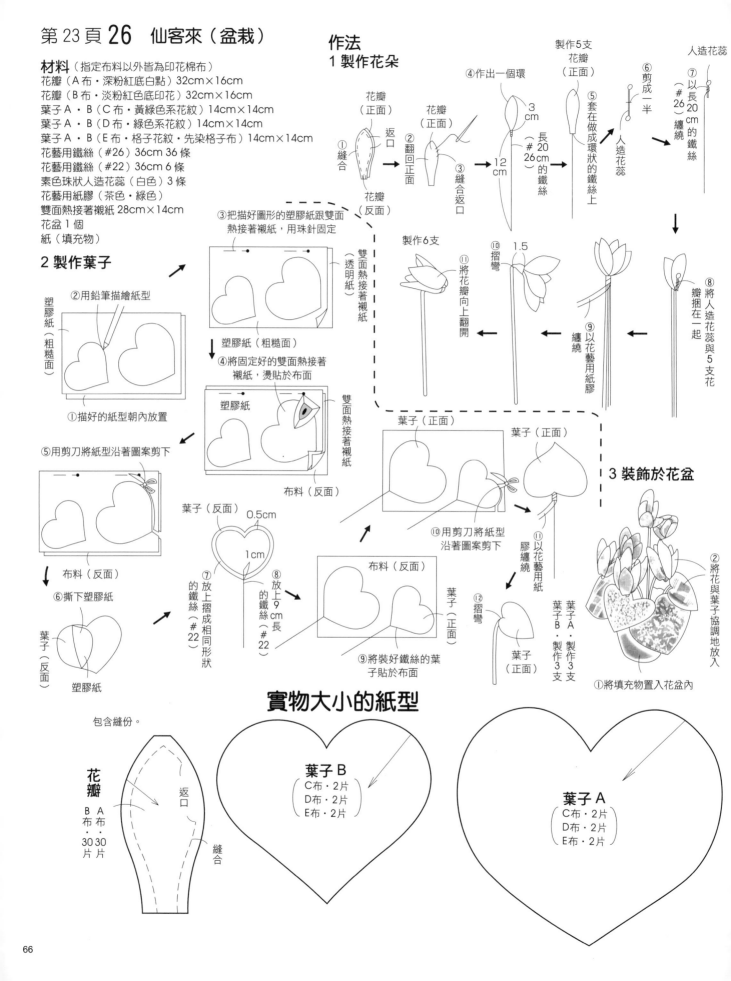

實物大小的紙型

包含縫份。

花瓣
B布‧30片
A布‧30片
返口
縫合

葉子B
（C布‧2片
D布‧2片
E布‧2片）

葉子A
（C布‧2片
D布‧2片
E布‧2片）

材料（1個份）（布料皆為緞布）
花瓣A・B・花萼・花蕊・纏繞花莖用布
（A布・白色或深藍色）20cm×20cm
手工藝用接著劑
3.5cm別針 1個
花藝用鐵絲（#20）36cm 1條
花藝用鐵絲（#30）36cm 3條
手工藝用棉花 少許
60 號車縫線

作法

1 在花瓣B・花萼塗上接著劑

布料用接著劑
① 1 ＋ 1 水 混合

花瓣B
② 塗抹薄薄一層

花萼

2 製作花芯

④ 細密縫合

花蕊（正面）

長36cm的鐵絲（#20）
② 將前端彎曲
① 對摺

棉花
③ 捲上棉花

花蕊（正面）

花蕊（正面）
⑤ 包覆後縫合固定

製作5支

3 裝上花瓣B

① 細密縫合

花瓣B（反面）

② 用錐子在中心打洞

③ 將鐵絲穿過洞孔

花瓣B（反面）

花蕊（正面）

④ 穿線後，將花瓣B固定於花蕊上，把①仔細縫過的地方再次縫合

4 製作花瓣A

① 塗上接著劑

花瓣A（反面）

花瓣A（反面）

② 摺成V形後放上去
將長7.5cm的鐵絲（#30），

花瓣A（反面）

放上長10cm的鐵絲

③ 貼上另一片花瓣

花瓣A（反面）

花瓣A（正面）

5 將花瓣A組合至花蕊上

花蕊
花瓣A（正面）

① 把花瓣A均勻地排好

③ 弄彎
④ 剪去多餘的鐵絲
⑤ 塗好接著劑後，以纏繞花莖用布料纏繞

② 以鐵絲（#30）纏繞

花瓣A（正面）

花瓣A（正面）

花瓣A（正面）

6 組合花萼

花萼（正面）

① 剪開小口

花萼（正面）

② 用接著劑黏上

7 裝上別針

花萼（正面）

縫上別針

完成

約8cm

實物大小的紙型
包含縫份

花萼
（A布・1片）

花蕊
（A布・1片）
細密縫合

花瓣B
（A布・1片）
細密縫合

花瓣A
（A布・10片）

纏繞花莖用布料（A布・1片）

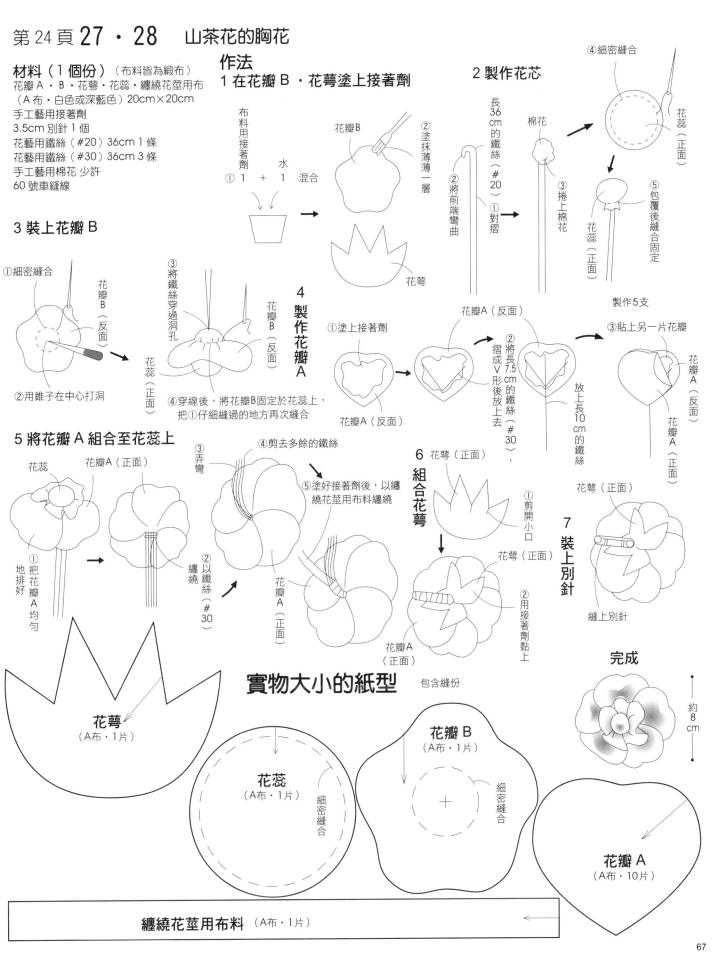

材料（布料皆為亞麻布）
花瓣 A～D・花蕊・裡布
（A 布・米白色）34cm×27cm
葉子（B 布・綠色）16cm×8cm
手工藝用接著劑
3.5cm 別針一個
60 號車縫線

作法
1 製作花朵

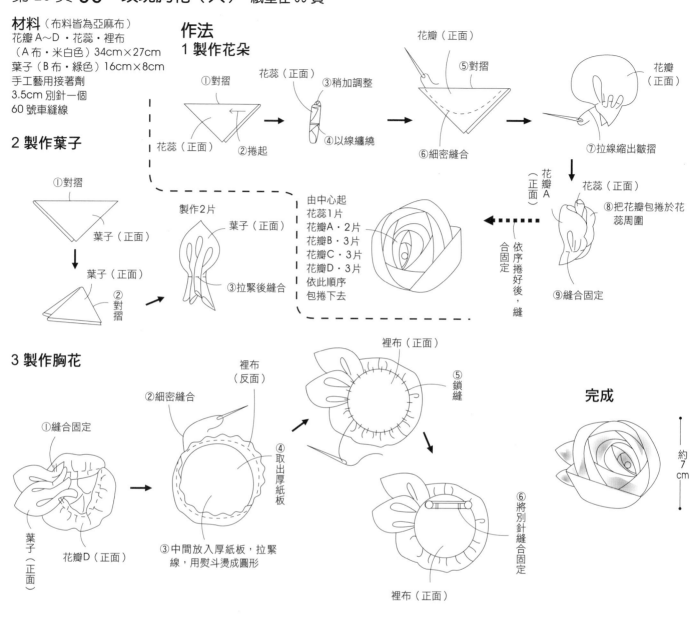

①對摺
花蕊（正面）
②捲起
花蕊（正面）
③稍加調整
④以線纏繞
花瓣（正面）
⑤對摺
⑥細密縫合
花瓣（正面）
⑦拉線縮出皺摺
花瓣 A（正面）
花蕊（正面）
⑧把花瓣包捲於花蕊周圍
⑨縫合固定
依序捲好後，縫合固定

由中心起
花蕊 1 片
花瓣 A・2 片
花瓣 B・3 片
花瓣 C・3 片
花瓣 D・3 片
依此順序
包捲下去

2 製作葉子

①對摺
葉子（正面）
葉子（正面）
②對摺
製作 2 片
葉子（正面）
③拉緊後縫合

3 製作胸花

①縫合固定
葉子（正面）
花瓣 D（正面）
②細密縫合
裡布（反面）
③中間放入厚紙板，拉緊線，用熨斗燙成圓形
④取出厚紙板
裡布（正面）
⑤鎖縫
⑥將別針縫合固定
裡布（正面）

完成
約 7cm

材料（布料皆為亞麻布）
花瓣 A・B・花蕊・裡布
（A 布・深紫色）30cm×14cm
葉子（B 布・綠色）12cm×6cm
手工藝用接著劑
別針 1 個

作法

1 製作花朵（與 no.33 相同）

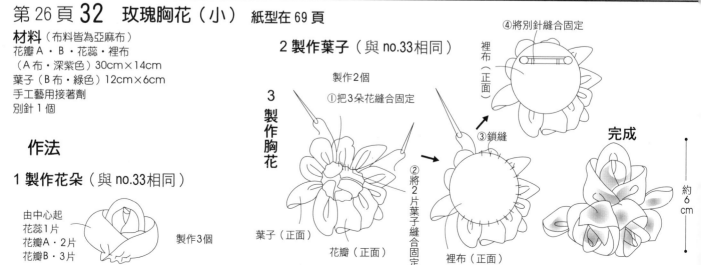

由中心起
花蕊 1 片
花瓣 A・2 片
花瓣 B・3 片
製作 3 個

2 製作葉子（與 no.33 相同）

3 製作胸花

①把 3 朵花縫合固定
製作 2 個
葉子（正面）
花瓣（正面）
②將 2 片葉子縫合固定
③鎖縫
④將別針縫合固定
裡布（正面）
裡布（正面）

完成
約 6cm

※裡布作法與 no.33 相同

包含縫份。

no.33
no.32

裡布 （A布・1片）

厚紙板

縫合縮出皺摺

花瓣 C
（A布・3片）

對摺處

對摺處

細密縫合

花瓣 D
（A布・3片）

細密縫合

細密縫合

花瓣 B
（A布・9片）

對摺處

對摺處

花瓣 B
（A布・3片）

花蕊
（A布・1片）

花蕊
（A布・3片）

細密縫合

葉子
（B布・2片）

細密縫合

花瓣 A
（A布・6片）

摺線

裡布 （A布・1片）

厚紙板

摺線

花瓣 A
（A布・2片）

葉子
（B布・2片）

細密縫合

細密縫合

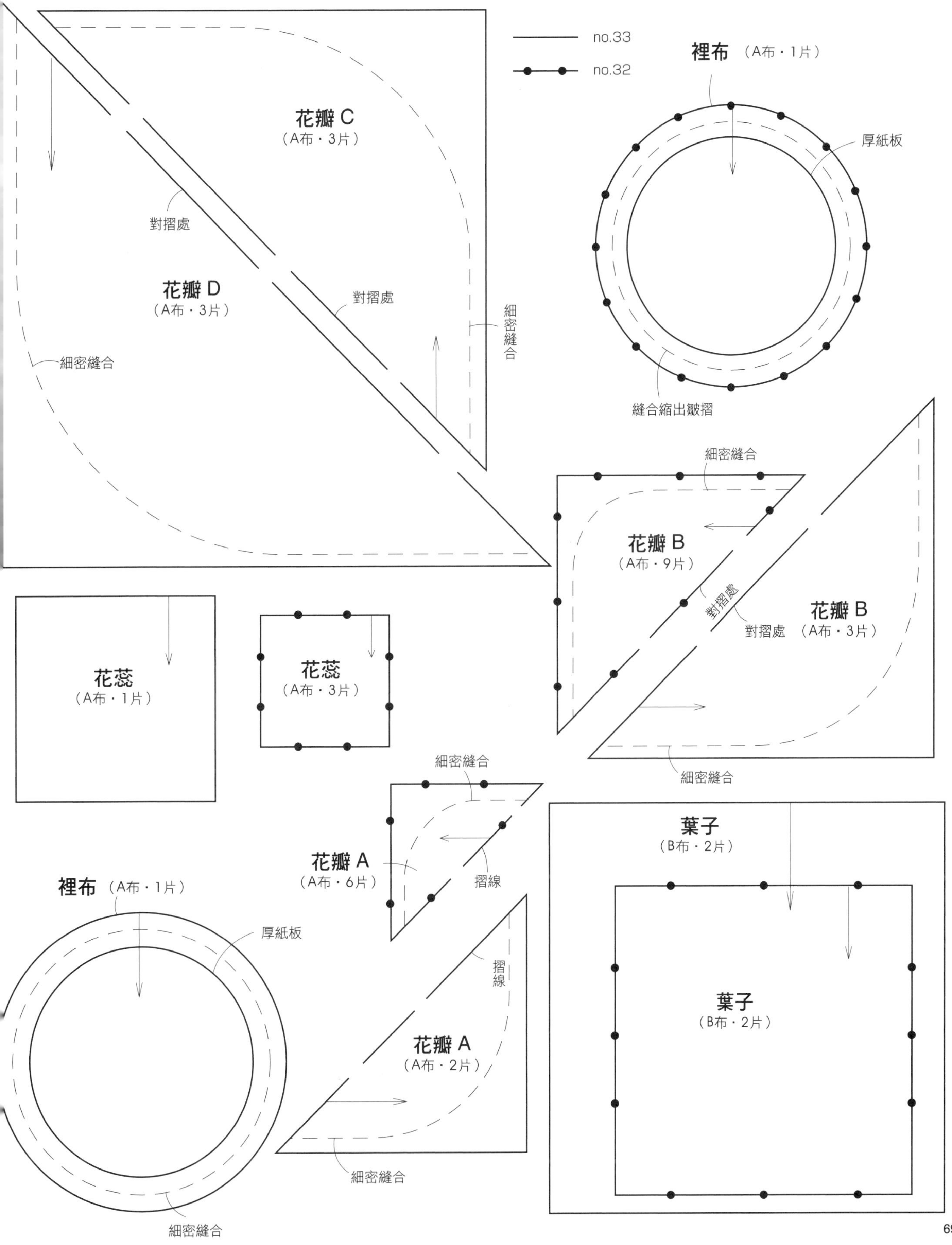

材料（布料皆為亞麻布）
花瓣（A布・紫色）22cm×11cm
葉子（B布・黃綠色）14cm×8cm
手工藝用接著劑
3.5cm 別針一個
花藝用鐵絲（#20）1 條
花藝用鐵絲（#30）3 條
花藝用紙膠（淺綠色）
1cm 寬的緞帶 40cm
60 號車縫線

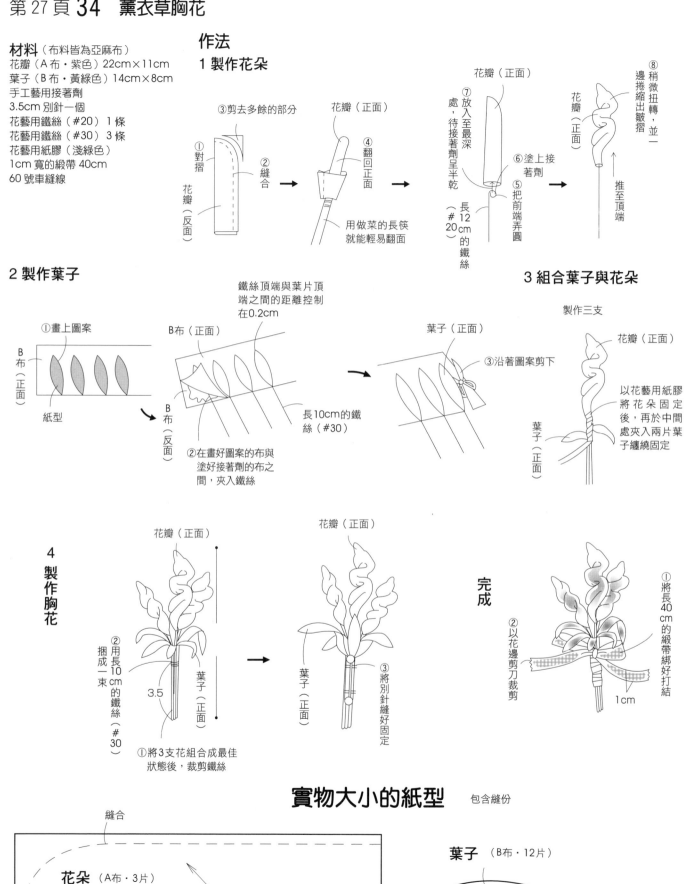

作法
1 製作花朵

③剪去多餘的部分
花瓣（正面）
①對摺
花瓣（反面）
②縫合
④翻回正面
用做菜的長筷就能輕易翻面
花瓣（正面）
⑦放入至最深處，待接著劑呈半乾
長20cm（#12 的鐵絲）
⑥塗上接著劑
⑤把前端弄圓
花瓣（正面）
⑧稍微扭轉，並一邊捲縮出皺摺
推至頂端

2 製作葉子

①畫上圖案
B布（正面）
紙型
B布（正面）
②在畫好圖案的布與塗好接著劑的布之間，夾入鐵絲
B布（反面）
鐵絲頂端與葉片頂端之間的距離控制在0.2cm
長10cm的鐵絲（#30）
葉子（正面）
③沿著圖案剪下

3 組合葉子與花朵

製作三支
花瓣（正面）
葉子（正面）
以花藝用紙膠將花朵固定後，再於中間處夾入兩片葉子纏繞固定

4 製作胸花

花瓣（正面）
②用長10cm的鐵絲（#30）捆成一束
3.5
葉子（正面）
①將3支花組合成最佳狀態後，裁剪鐵絲
花瓣（正面）
葉子（正面）
③將別針縫好固定

完成

花瓣（正面）
①將長40cm的緞帶綁好打結
②以花邊剪刀裁剪
1cm

實物大小的紙型　包含縫份

縫合
花朵（A布・3片）
對摺處
葉子（B布・12片）

材料（布料全為法蘭絨）

花瓣（A布‧黃色）15cm×8cm
棉毛（B布‧白色）15cm×5cm
葉子‧花萼（C布‧綠色）
11cm×13cm
手工藝用接著劑
3.5cm 別針一個
花藝用鐵絲（#20）36cm 3 條
花藝用鐵絲（#30）36cm 1 條
花藝用紙膠（綠色）
1cm 寬的緞帶 40cm
60 號車縫線

作法
1 製作花朵（棉毛與花朵相同）

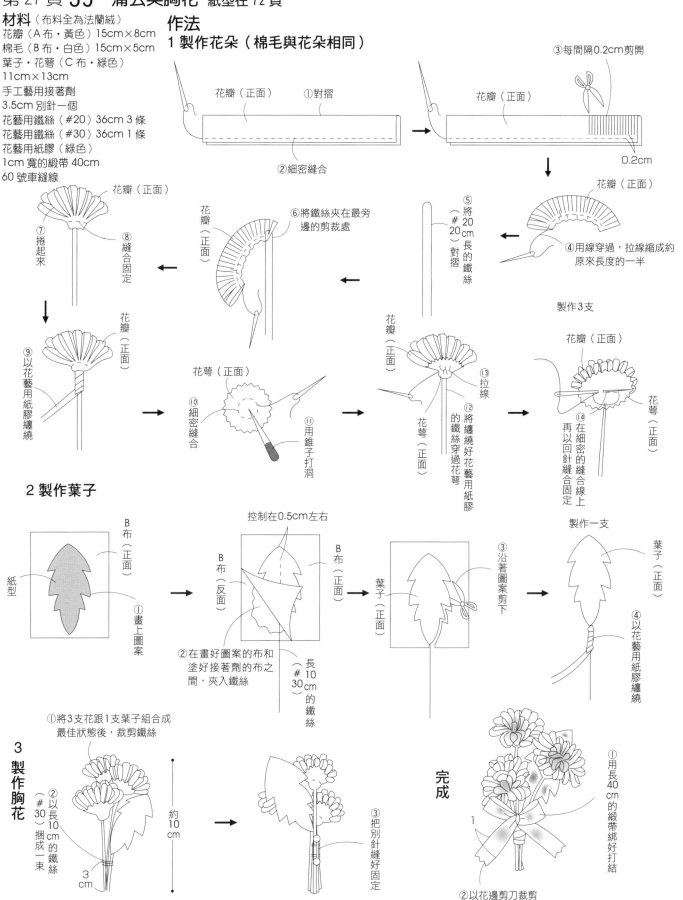

③每間隔0.2cm剪開

花瓣（正面）　①對摺

花瓣（正面）

0.2cm

②細密縫合

⑤將20cm長的鐵絲（#20）對摺

花瓣（正面）

④用線穿過，拉線縮成約原來長度的一半

製作3支

⑥將鐵絲夾在最旁邊的剪裁處

花瓣（正面）

⑦捲起來

⑧縫合固定

⑨以花藝用紙膠纏繞

花瓣（正面）

花萼（正面）

⑩細密縫合

⑪用錐子打洞

花瓣（正面）

⑫將纏繞好花藝用紙膠的鐵絲穿過花萼

⑬拉線

花萼（正面）

花瓣（正面）

⑭在細密的縫合線上再以回針縫合固定

花萼（正面）

2 製作葉子

紙型

B布（正面）

①畫上圖案

控制在0.5cm左右

B布（反面）

②在畫好圖案的布和塗好接著劑的布之間，夾入鐵絲

長10cm（#30）的鐵絲

B布（正面）

葉子（正面）

製作一支

③沿著圖案剪下

葉子（正面）

④以花藝用紙膠纏繞

3 製作胸花

①將3支花跟1支葉子組合成最佳狀態後，裁剪鐵絲

②以長10cm（#30）捆成一束

3cm

約10cm

③把別針縫好固定

完成

①用長40cm的緞帶綁好打結

②以花邊剪刀裁剪

1

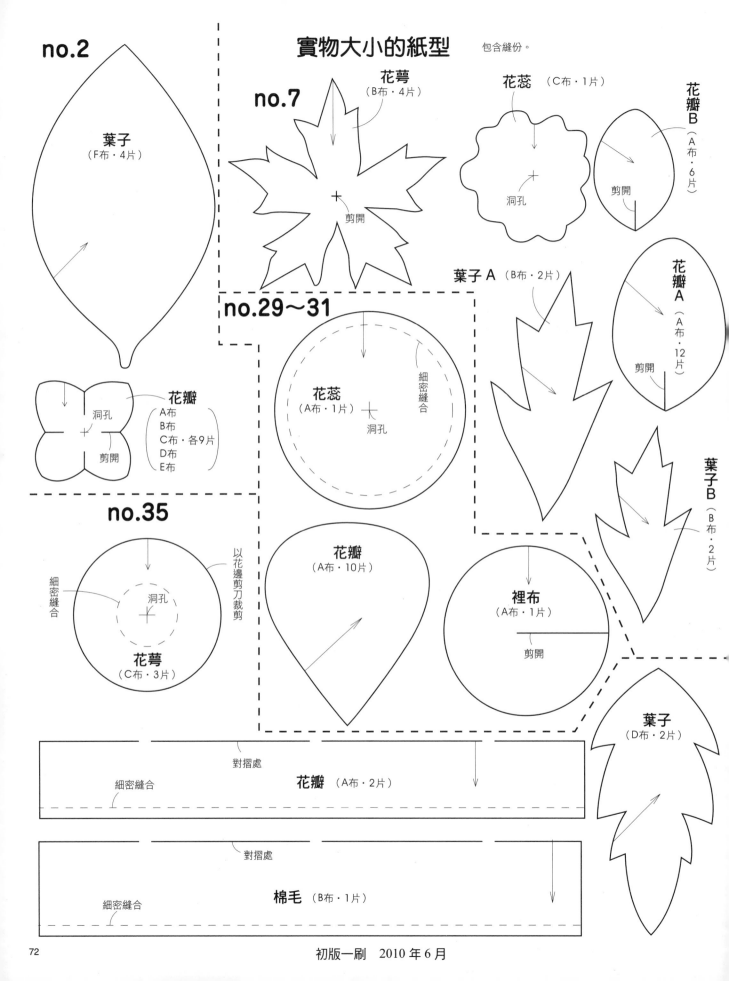

no.2

葉子（F布・4片）

實物大小的紙型 包含縫份。

no.7

花萼（B布・4片）

花蕊（C布・1片）

花瓣B（A布・6片）剪開

剪開

洞孔

剪開

葉子A（B布・2片）

花瓣A（A布・12片）剪開

no.29〜31

花蕊（A布・1片）細密縫合 洞孔

花瓣（A布・6片 B布 C布・各9片 D布 E布）洞孔 剪開

no.35

花萼（C布・3片）細密縫合 洞孔 以花邊剪刀裁剪

花瓣（A布・10片）

裡布（A布・1片）剪開

葉子B（B布・2片）

葉子（D布・2片）

對摺處 花瓣（A布・2片）細密縫合

對摺處 棉毛（B布・1片）細密縫合

初版一刷　2010 年 6 月